新半導体戦争

平井宏治

WAC

はじめに　半導体をめぐって世界は新たな戦争状態に！

スマートフォンやタブレットを使い、家族や友人とのメールの送受信、文書の作成・閲覧、写真・ビデオ・音楽の撮影・閲覧・再生、そして計算から行政手続き、コンサートなどの行事の予約まで……、これらのことが日常の光景となって久しい。電車の中で本や新聞を読む人が消え、スマホを片手に情報を見たり、ゲームをしたりする人たちだらけになった。個人が情報端末やパソコンを使い、インターネットを通じた情報発信を行うようになったことで、テレビ局や新聞社、出版社などに集中していた情報配信の形態も変わった。

情報通信技術が進化し、光ケーブルなどのインフラが整備され、世界中が瞬時につながる時代になり、生活スタイルは大きく変化した。

そして、現代の情報通信社会を支える主役のひとつが、本書で取り上げる〝半導体〟である。

マスコミではほとんど報じられないが、半導体はミサイルや戦闘機、戦闘艦船などの兵器にも搭載されており、技術の進化とともに「戦争のカタチ」も変わりつつある。今や産業の中枢を担っているのが半導体であり、そして、半導体産業を支配した国が覇権を握る時代である。まさに世界は半導体をめぐる戦争状態にあると言っても過言ではない。

さらに言えば、半導体は経済安全保障に直結している。

経済安全保障を支える5本柱は、①半導体や医薬品などの重要な物資を安定して調達できるよう支援する「サプライチェーン＝供給網の強化」、②基幹インフラ役務の安定的な提供の確保、③先端的な重要技術の開発支援、④特許出願の非公開、⑤セキュリティ・クリアランス（適格性評価）制度である。

この5本柱の中でも特に半導体は、①産業のコメであり、重要な物資である、②基幹インフラをサイバー攻撃から守るために、悪意のあるプログラムを組み込んだ半導体を使わない、③半導体を製造するための材料や装置において世界先端の技術を持ち、競争優位を死守する必要がある、④外国による日本の特許情報を使った盗用から日本を守る、⑤敵国の工作員の疑いがある者に重要先端技術へのアクセスを許さない――以上の5点が求められる。

以上のことから、半導体は、経済安全保障と切っても切り離すことのできない重要戦略物資であることがおわかりいただけるのではないか。

中国は、人工知能（ＡＩ）をめぐる戦いで米国に勝ち、世界秩序を変えるため、西側諸国から、1）先端半導体、2）コンピューティング、3）人工知能の3分野の技術を合法・

非合法のあらゆる手段を使い、中国に移転しようとしている。２０２２年10月、米国が中国に先端半導体などを対象とする輸出規制を発動した理由は、ここにある。

一方、日本の現状はどうか。

メディアは「１９８８年、日本の半導体産業のシェアは50・３％あったが、衰退の一途をたどり、２０２２年には、６・２％まで減少（英・Ｏｍｄｉａ調べ）した」と報じているが、この数字は半導体それ自体の市場シェアである。

半導体と経済安全保障を考えるためには、半導体それ自体だけでなく、半導体を設計するためのソフト、半導体を生産するための材料や半導体を製造する装置がどうなっているかを知ることが必要だ。日本の半導体業界の強みや弱み、人工知能を組み込んだ武器と半導体が安全保障に及ぼす影響はどの程度なのか、そして、中国の超限戦がもたらす半導体リスク、日本の大学や研究機関の持つ半導体技術を狙う中国、それに米国・中国・台湾・韓国の半導体産業政策と狙いを知ることも必要である。

そこで、本書では、以下のように構成した。

第１章では「半導体とは何か」をごく短く簡単に説明し、戦争で使われる兵器に搭載される半導体、ミサイルに搭載される半導体の供給防止策、智能化戦争と人工知能、ロシアの半導体事情、そして、中国が西側諸国から半導体技術を移転しようとする理由などに触れる。

第2章では、中国の超限戦、改革開放路線と決別した中国、および中国の新たな世界支配の野望である「双循環戦略」などを扱う。

第3章では、半導体業界における米国の強み、中国の弱点、中国がしたたかに開発した先端半導体に触れた後で、経済安全保障をめぐる米中対立が、技術管理や製品管理だけではなく、M&A（企業の合併・買収）や上場株式の取引など金融にまで広がりつつあることを踏まえ、先端半導体技術がほしい中国とソフトバンクグループ、子会社のアームホールディングス、アームチャイナの問題に言及する。また、米国による対中半導体規制、マルウェア（悪意あるソフト）が仕込まれた半導体の危険性、米国の対中戦略の変化、レガシー半導体（米国の対中半導体および製造装置輸出規制の対象外となっている技術で製造された先端でない半導体）の規制動向、中国国内の半導体産業の現状、抜け穴となっているマレーシアなどについても明らかにする。

第4章では、日本の半導体の歴史、日米半導体協定、株主資本主義の導入により弱体化した日本の電機メーカー、半導体材料や半導体製造装置の強み、パワー半導体やアナログ半導体など日本が強みを持つ半導体や、先端半導体メーカーのラピダス、特定重要物資に追加された積層セラミックコンデンサ、セキュリティ・クリアランス制度などを取り上げる。

第5章では、学術界の闇に光を当てる。中国は半導体分野でもひそかに日本の学術界に手を伸ばしている実態を明らかにする。

第6章では、経済のグローバル化の終わりと国境のない経済から国境のある経済への転換について説明し、韓国政府・台湾政府の半導体産業政策の概要、虎の子技術の電磁鋼板技術が韓国経由で中国に流出した日本製鉄の事例、岸田政権が推進する「インベスト・イン・キシダ（岸田に投資を）」の問題点を指摘し、韓国サムスン電子の横浜研究所への補助金支援が国益に沿わないことを明らかにする。

半導体で競合する各国の動きが見えれば、日本の半導体産業政策の間違いが見える。そして、日本が世界の半導体産業で復活を果たし、競争優位を確保し、豊かで強い日本を実現するためになすべきことも見えてくるだろう。

日本の半導体産業は中長期的に生き残るか滅ぶかの分岐点にあるが、復活はできると考えている。

令和6年2月

経済安全保障アナリスト　平井　宏治

新半導体戦争

◎目次

装幀／須川貴弘（WAC装幀室）
編集協力／尾崎克之

第1章 時代の大転換が始まった！

——安全保障と直結する半導体産業の重要性とは

半導体とはそもそも何？

半導体は、今や生活に欠かせない必需品である。もっと言えば、半導体なしで現代生活は成り立たない。

スマホ、エアコン、テレビ、炊飯器……といった家電製品から自動車、鉄道や航空機、銀行のATMなど身近にある多くの製品に使われている。電気自動車には1台につき約1300個、ガソリン自動車には約500個の半導体が搭載されている。

しかし、半導体が、何となく重要なものだということに気づいてはいても、多くの人は「半導体とは、一体全体どんなものか」については想像もつかない。

新聞・雑誌などで「半導体は、産業の米（コメ）である」と書かれているのを見ると、半導体は、とても重要なものであることがイメージできる。「産業のコメ」とは、産業の中枢を担うものを指し、英語では「core product（核となる製品）」と表現される。

そこで、半導体を辞書で調べてみると、「電気を伝える性質が導体と絶縁体の中間程度の物質の総称」などと説明されている。これでは、よくわからない。

たとえば、停電を経験すると、現代生活では、身のまわりのほとんど全てのものが「電気を使って動いている」ことを思い知らされる。「電気を使って動いている」ということは製品それぞれの動作目的に合うように電気の流れがきちんと制御され、情報が正しく伝達されている、ということだ。

技術者が電気の流れをきちんと制御し、情報を正しく伝達するように設計したものを「回路（サーキット）」という。では、回路とは何だろうか。F１レースに使用されるスパ・フランコルシャン（ベルギーのサーキット）や鈴鹿サーキット（自動車やオートバイなどの競走用につくられた環状コース）を例に挙げるとわかりやすいかもしれない。モータースポーツでは、競走を滞（とどこお）りなく開催するため、レーシングカーの逆走行を許さないように一方通行を設定しなければならないし、レーシングカーの発進・停止を指示する信号機も必要になる。

その通行路や信号機と同じ役割を果たす、つまり電気を流したり止めたり、分けたりする素子が「半導体素子」である。

ちなみに、素子とは、配線を除いた電気製品における最小単位のパーツのことをいう。半導体素子には、電気に対して「今は行け」「今は行くな」と命令する、信号機のような役割をするダイオードや、回路のスイッチとして働き、電気信号の増幅もするトランジスタなどがある。

そして、ダイオードやトランジスタなどをつくるために必要なのがシリコンなどの物質であり、これらを「半導体材料」と呼ぶ。

半導体素子は「半導体デバイス」と呼ばれることもあるし、ただ単に半導体とだけ呼ばれることもある。また、半導体素子を組み合わせてつくった回路を複数個、1枚の基盤の上に集積したパーツを集積回路あるいはＩＣ[※1]（集積回路）チップというが、この集積回路を指して半導体と呼んでいるケースも多い。ちなみに、半導体のような役割は、金属に代表される「導体」では実現できない。導体は電気をあちらにもこちらにも見境なく流してしまうからだ。

ニュースや解説、評論を見聞きする際、そこで使われている半導体という言葉が具体的に何を指しているのかを注意する必要があるが、より重要な点は、〝半導体なしでは現代生活は何も成立しない〟ことを知ることだと思う。つまり、現代生活の利便性の進歩および産業・経済の成長は、半導体の技術開発にかかっているのだ。

半導体の国家間の争いを詳述した『半導体戦争』（クリス・ミラー著／ダイヤモンド社）の帯には「半導体は石油以上の『戦略的資源』だった――。」とあるが、まさに的を射ている。

半導体は経済安全保障にも密接なつながりがある。

というのも、経済安全保障推進法の４本の柱、①重要物資の安定的な供給の確保、②基

※１：Integrated Circuit

幹インフラ役務の安定的な提供の確保、③先端的な重要技術の開発支援、④特許出願の非公開の4制度の創設のすべてにかかわっているからだ。また、追加が予定されているセキュリティ・クリアランス（適格性評価）制度にも関係している。

さらに重要な点は、精密誘導ミサイル、無人爆撃機、超音速戦闘機などに代表される現代の兵器および軍事システムに、半導体が重要な役割を担っていることだ。防衛研究所は『東アジア戦略概観2001年版』で、情報化戦争を次のように説明している。

《人工衛星、目標攻撃レーダーシステムなどの各種センサーの性能が高まり、情報処理システムが高速化したので、ネットワークを通じて各部隊が情報をリアルタイムでやりとりすることが実現した。つまり、戦場認識能力が劇的に向上したため、あらゆる部隊が、敵味方部隊の位置や状況といった戦場の情報を即座にかつ的確に把握でき、このような情報システムを使い、目標を発見した瞬間に、長射程精密誘導兵器で攻撃できる。目標への攻撃は、陸・海・空の軍種の区分と無関係に、最適な発射母体を選んで行われるので、統合的な作戦指揮が常態化することを意味する。

そして、戦闘能力は、戦闘機や戦車などの個々の兵器の性能および高速化した情報システムと精密誘導兵器の能力により決まる。さらに、ロボット技術の発達により、無人航空機導入、戦場の偵察、監視や、あるいは、地雷除去のような、単純な作業ではあるが危険の伴う任務の無人化が進むのだ。先端半導体を搭載したコンピュータが、人工衛星、目標攻撃レーダーシステムなどがもたらす膨大な情報を瞬く間に処理できるかどうかで、戦争の勝敗が決まると言っても過言ではない》

最新の戦争では人工知能を搭載して、人の介入なしに標的を判断し殺傷を判断する自律兵器や極超音速ミサイルなどが使われる。人工知能を取り入れた戦争が行われる今の時代では、高速で情報処理をしたり人工知能を開発したりする先端半導体が最重要な戦略物資となったのだ。

このように、その国の半導体の技術開発力や半導体の性能が兵器の性能に直結する。軍事力の優劣を決定し、戦争の抑止力にも影響するのであるから、半導体確保は急務である。ところが、日本のメディアは、先端半導体が日本国民の生命や財産を守るために必要な物資であることを報じない。何か不都合な事情でもあるのだろうか。

とにかく最先端の半導体技術を有し、最新の兵器や軍事システムを保有することで抑止力を持つ国は他国への侵攻もたやすく行うことができる。つまり、先端半導体は国家安全保障にも直結するのである。では、最近の実例を紹介していこう。

近代兵器は半導体に依存している

実際に近年、近隣諸国を侵攻した例として、やはりウクライナ戦争とイスラエル・ハマス戦争が挙げられるだろう。

２０２２年2月24日に開始されたロシアによるウクライナへの軍事侵攻と、２０２３年10月7日に発生したイスラム軍事組織ハマスによるイスラエルに対するテロ攻撃以降、テレビやネット上で、フェイクか事実かはともかく、戦争の現場あるいは軍用兵器の実際の映像を目にする機会が格段に増えた。キャタピラで土煙を蹴立てて街路や山野を動き回る戦車、あるいは銃器を手に走り回る迷彩服とヘルメットの兵士たちを映像で見て、ハイテクの時代であるのに、戦争はいまだにこのようなカタチで行われるのか、と感じた人も少なくないという。

ロシアも批准(ひじゅん)しているハーグ陸戦条約（１８９９年成立、１９０７年改定）の第42条で、「占領」とは「一地方が事実上敵軍の権力内に帰したるとき」と定義されている。つまり、占領を完遂(かんすい)するためには、目的地の行政府施設を攻略する必要があり、その攻略は主に戦車と歩兵とで行われる。

ハーグ陸戦条約が成立した19世紀末以来、戦争の風景は変わってはいないし、今後もおそらく変わることはない。変わるのは、戦車などの武器に搭載される機能および軍隊に提供される情報システムに使われるハイテク技術である。

ウクライナ侵攻から3カ月ほどが経った2022年5月、米国上院の公聴会でジーナ・レモンド米商務長官が「取り残されたロシアの戦車を調査したところ、その内部は食器洗い機と冷蔵庫から取り外された半導体だらけだった、との報告をウクライナから受けている」と発言し、世界各メディアの話題になった。

ロシアは侵攻直後に発動された西側諸国の対ロシア輸出規制によって、必要な数の半導体入手が困難になった。そこで、ロシアは第三国を経由する密輸などで半導体を調達したものの必要な数の半導体を確保できず、民生用半導体を兵器に使用しなければならなくなったという。冷蔵庫に使われていたICチップを転用しないと戦車が機能しないとは、ロシアの軍事事情の一端が垣間見えるエピソードだ。

一時期、肩に担(かつ)いで発射するスタイルの重量20キロほどの歩兵携行式多目的ミサイル「ジャベリン（FGM-148）」が、ロシアの戦車を的確に爆撃する映像がテレビやネットで盛んに流された。ジャベリンは、高画質赤外線カメラを活用した誘導システムによって80％強の命中率を誇るミサイルである。そして、ジャベリン1基につき250個を超えて搭載される半導体が、その高性能を実現している。

兵器が半導体に依存していることを考えれば、その背後に控える膨大な軍用物資ならびに設備とシステム、各種大量破壊兵器や軍用機、軍用艦、宇宙防衛システムが半導体に依存していること、また、期待される量と性能は推して知るべし、ということになる。

ロシア国内で半導体を製造することはできるのか

では、今のロシアに国内で半導体を製造できる能力はないのだろうか。

ロシアはかつて、コンピュータに関して米国を凌駕（りょうが）するほどの技術力を持っていた。１950年代、電流制御の手段として真空管しかなかった時代、当時のソ連が開発した「SECM」[※2]は、米国のコンピュータシステムよりも最先端だった。わかりやすい例をあげると、東西冷戦を象徴する1975年のアポロ・ソユーズ計画においては、米国のコンピュータが1フライトの計算に30分かかったのに対し、ソ連はわずか1分の高速性を実現していたのだ。

だが、米国は着々とコンピュータ技術を向上させていく。1974年には、インテルが8ビットマイクロプロセッサ「8080」の販売を開始するようになった。「8080」は

※２：Small Electronic Computing Machine

後にパーソナルコンピュータを生み出す歴史的な半導体である。

ソ連の先進電子技術にケチがついたのは1976年のことだ。キーウ（当時はソ連領だった）にあった「キーウマイクロデバイス研究所」が、インテルの「8080」のコピーに成功する。ソ連は米国の技術を盗んで事業化する方針を固めたわけだが、これが仇となった。

インテルは当然、後継の製品にコピープロテクトをかけたのだが、たちまちソ連は半導体製品をつくることができなくなった。それによってコピーに基づく生産販売を頼りにしていたソ連は製品開発力を急速に失っていく。

また、すでにソ連国内はインテルのコピー製品で溢れ返る状態になっていた。本家本元の米国のインテルがソ連のマーケットに入り込み、ソ連の半導体製品市場からソ連製のインテルのコピー製品を駆逐したのである。

こうした事情から自身で半導体製品を量産したことがないロシアにおいて、現行兵器を修理ないし増産するために旧タイプの半導体を自国製造することは、果たして可能だろうか。該当製品を製造するには、次の3つの条件があげられる。
①旧タイプの半導体が製造可能な生産設備を持つ工場があること
②マスクセットと呼ばれる、半導体素子の回路パターンを転写する際の、原版（フォトマ

スク）数枚から数十枚からなる配線層や部品層といった異なる画像を写すためのセットがあること

③製造権利を有すること

では、ロシアにこの３つの条件が当てはまるだろうか。半導体材料の入手については問題ない。しかし、工場、マスクセットはロシアにはない。そのほとんどを米国に存在する開発メーカーが製造権利を持っているのが現状だから、ロシアには許諾されないだろう。したがって、ロシアが独自に半導体を製造することは事実上不可能である。そうなれば最新鋭の兵器を製造・運営することはかなわない。

ロシアの半導体事情を見れば、自国で半導体を開発、設計、量産することが、国防上においていかに重要かがわかる。日本はロシアの失敗を他山の石とし、半導体産業の復活に注力しなければならない。

ロシアの最新鋭ミサイルに搭載される半導体の正体

現代の軍事兵器と半導体が切っても切れない関係にある典型的な例がミサイルだ。ミサイルに搭載されている半導体とは、どのような性能を有しているのか。まず、中央処理装置（CPU）がある。多様な動作処理を行う中心的頭脳だ。CPUの製造を得意とするのは米国のインテルとAMD[※3]であり、2023年実績で、この2社はCPUの世界シェアの約97％を占めている。

DSP[※4]というリアルタイム処理を得意とするマイクロプロセッサも、ミサイルには欠かせない。というのも、刻々と変化する状況に対応しなければならないミサイル誘導の処理を担うからだ。米国のテキサス・インスツルメンツとアナログ・デバイセズがDSP製造のトップメーカーである。

FPGA[※5]は、現場で回路の書き換えを行うことができるようにした集積回路で、軍事には必須であり、2015年にインテルが買収した米・アルテラ社、2023年にAMDに吸収合併された米・ザイリンクス社が得意としていた集積回路だ。

また、プロセッサと並んで、ミサイルには半導体メモリーも欠かせない。

コンピュータは情報を入力・処理・出力する装置であり、パソコンの頭脳の役割を持つ半導体（CPU）、メモリー、ハードディスクの良し悪しがその性能を決める。

この関係を飲食店に例えて説明すると、飲食店は食材を仕入れ、調理・提供するので、料理人の腕前（包丁さばき）、まな板（を含む調理場）、冷蔵庫の良し悪しが飲食店の格を決

※3：「Advanced Micro Devices（アドバンスド・マイクロ・デバイセズ）」。米国に本社を置く半導体製造会社
※4：Digital Signal Processor
※5：Field-Programmable Gate Array

める。つまり、

・コンピュータ＝飲食店
・情報＝具材
・CPU＝料理人の包丁さばき
・メモリー＝まな板（を含む調理場）
・ハードディスク＝冷蔵庫

となる。

次に、料理の作業に例えると、「冷蔵庫」に格納された具材を「まな板」に持ってきて、調理人がそれを「包丁でさばく」。もし、まな板が小さければ、いくら調理人の包丁さばきが早くても、いちいち冷蔵庫まで具材を取りに行かなければならず、調理の作業効率は落ちる。逆に、まな板が大きい場合には、どんどん具材をさばくことができるので、調理のスピードはぐんと上がる。まな板は大きい方が良い。

狭いお店ではどうなるか。お店が狭いので、お客様に料理を提供するのに、調理人・まな板・冷蔵庫のどれかを諦めなければならないとすると、冷蔵庫を諦めることになるだろう。冷蔵庫を置けない狭い店でも、調理場さえ広ければ調理はできるし、調理人の腕前が良く、まな板が大きければ、料理人の包丁さばきの実力は十分に発揮され、お客様に迅速に料理を提供できる。

つまり、ミサイルのように限られたスペースにコンピュータを搭載する場合、CPU（料理人の包丁さばき）とメモリー（まな板）は最低限必要なのだ。

ミサイルに使用される半導体メモリー、SRAM[※6]は、韓国のサムスン電子とSKハイニックスが世界シェアの約70％を占める。また、世界3位のメモリーメーカー、マイクロン（米）のシェアも高い。メモリーは1990年代には日本の独壇場にあったが、残念ながら現在は韓国に取って代わられているという状況が続いている。この経緯は、第6章で触れる。

誘導のための画像検知には、民生のデジタルカメラやスマートフォンでも大量に採用されているCCD[※7]（電荷結合素子）が使われる。そして、米国が開発した衛星測位システムGPS[※8]が、主にミサイル自身の位置を測定するために使用される。ロシアでは、ソビエト連邦時代に開発されたGLONASS[※9]という衛生測位システムが使われている。

ロシアは対地攻撃用巡航ミサイル、空対地ミサイル、空中発射弾道ミサイルといった、非常に多種類のミサイルを持っている。米国戦略国際問題研究所や英国王立防衛安全保障

※6：Static Random Access Memory
※7：Charge-Coupled Device
※8：Global Positioning System
※9：Global Navigation Satellite System

研究所（ＲＵＳＩ）の分析によると、ウクライナ侵攻においては21種類のミサイルが使われているという。いずれにせよ、ミサイルには半導体が欠かせないのである。
ロシアのミサイルに使われている半導体を見ると、公益財団法人未来工学研究所の西山淳一研究参与は「ロシアのミサイルに使用される半導体は、いったいいつ頃に開発・生産された半導体なのか」を分析し、実は１９８０年代から１９９０年代の最先端半導体ではないかとの見解を示している。

　もし西山氏の分析が正確であるなら、われわれは先入観を払拭しなければならない。メディア報道などでは「最新型ミサイル」といった言い方がよく聞かれるが、最新型という表現の定義は実に曖昧なのだ。

　兵器は開発から生産、運用開始までに時間がかかり、運用される期間も長い。たとえば、米国海軍初の全天候型双発艦上戦闘機のＦ－14戦闘機は１９５０年代に開発が始まり、１９５８年に初飛行、その後30年以上使い続けられ、１９９０年代になって全機が退役した。ただし、これは米軍の話であり、他国に輸出されたＦ－14戦闘機は21世紀に入っても使い続けられ、２０１５年頃まで配備されていた。

　このように一般的に、兵器システムは開発に10年、生産に10年という期間を経て運用開始の運びとなる。ただし、本格的な運用が始まるのは生産が始まって５年～10年の実用検証期間を経て後のことだ。

2024年現在で使われている兵器システムのほとんどは、2010年代から運用が開始されている。運用開始が2010年代とすると、生産開始は2000年代以前となる。ということは、開発の開始は1990年代まで遡（さかのぼ）ることができるのだ。

つまり、ウクライナ侵攻で使われているロシアの兵器システムは、1980年代から1990年代にかけて開発されたものである、ということになる。

ロシアにおける最新型ミサイルは、キンジャール（Kh‐47M2）と呼ばれる極超音速空対地ミサイルとされている。最大速度はマッハ10で、核弾頭の搭載も可能だ。キンジャールは、その原型は「イスカンデル」（9K720）という短距離弾道ミサイルにあるとされている。すると、その基本設計は1990年代になされたもの、ということになる。

つまり、最新型とされている兵器であっても、開発は1980年代から1990年代に行われ、設計時期を考えると、使用される半導体は、1980年代から1990年代の最先端半導体となる。2024年現在で使用されている最新型のミサイルを増産したいと考えた場合、そこで必要になるのは、2024年時点での最先端半導体ではなく、20〜30年前当時の最先端半導体になる。

オンラインで購入できるロシアの最先端ミサイル用半導体

英国のRUSIは、2022年8月、《シリコンライフライン：ロシア軍用機械の心臓部にある西側陣営製電子機器》というタイトルの論文を発表した。

RUSIはこの論文の中で、先に触れた短距離弾道ミサイル、イスカンデルの誘導コンピュータであるZaryaコンピュータには、米国のテキサス・インスツルメンツ社が1990年に製造したDSPが使われている、ということを明らかにしている。

該当するDSPの型番は「TSM320C25GBA」。2024年現在も、テキサス・インスツルメント社のウェブサイトなどでオンライン販売されているDSPだ。注文量数によって変わるものの、単価は、およそ160ドルから180ドル。販売サイトによっては在庫数が一桁のところもあるから、在庫が豊富なDSPでないことがわかる。

旧タイプのDSPが簡単に入手でき、在庫は少ないとなれば、旧タイプ設計の回路に、ある程度、数を確保できる半導体を組み込むことは可能だろうか。

常に開発が続けられている電子製品においては、一般的に「上位互換性」が重要視される。上位機種に下位機種の機能が備わっていることを「上位互換がある」という。

つまり、「TSM320C25GBA」以降に生産されたDSPには「TSM320C25GBA」の機能もちゃんと備わっているということになるが、製品自体が差し替え可能かというと、そういうわけにはいかない。「TSM320C25GBA」を扱っている販売サイトでは、おしなべて「新規設計での使用は推奨しない」という注意書きが付記されている。数もふんだんにある最新製品は、上位互換を約束していることは間違いないが、「TSM320C25GBA」の代替として使おうとすれば「大きさが合わない」「差し込み用のピン数が違う」といった物理的な支障や「スピードが速すぎる」といった性能的な支障が出てくる。つまり、実際には、最新製品は使えないというわけだ。

もちろん、現時点の最新製品を改修すればいいのだが、そのための研究開発にはコストも時間も人員もかかる。現実的には「TSM320C25GBA」そのものを用意する以外にはない、ということになる。

RUSIの論文には、ロシアの兵器および兵器システムに使われている半導体の生産国リストが掲載されている。全体で443種類の外国製半導体が使用されており、米国が最も多く317種類、次いで多いのが日本製で34種類となっている。

1990年代当時、日本は半導体生産の絶頂期にあった。この時期の日本製の半導体がロシアのミサイル開発に使われたと考えられる。日本以外には、台湾30種類、スイス18種類と続く。

では、ロシアは現在、軍事分野で必要な半導体をどのように入手しているのだろうか。『ブルームバーグ』が２０２４年1月26日付で報じた「ロシアの兵器、大半は欧米製半導体を搭載―制裁すり抜け業者が転売か」が参考になる。『ブルームバーグ』が入手したロシア税関の機密データによると、２０２３年1～9月に輸入された17億ドル相当の半導体と集積回路の半分以上がインテルやアドバンスト・マイクロ・デバイセズ、インフィニオン・テクノロジーズ、ＳＴマイクロエレクトロニクスなどの米国と欧州の企業が製造したものだった。その大部分が、中国やトルコ、アラブ首長国連邦を含む第三国からの再輸出を通じたものだった。

そして、もうひとつ考えられるのが、家電製品を輸入し、半導体を取り出して転用するという手段だろう。

『日経新聞』が２０２３年2月16日付で、「ロシア、旧ソ連諸国から家電迂回輸入」という見出しの記事を報じた。《旧ソ連構成国のカザフスタンなどが欧州連合（ＥＵ）から輸入する洗濯機や冷蔵庫の金額がウクライナ侵攻後に急増した。同時にカザフスタンからロシアへの輸出も大きく増えた》《制裁をかいくぐる動きとみられ、家電製品から抜き取った半導体を兵器の修理に転用しているとの見方もでている》としている。

同記事によれば、カザフスタンが２０２２年にEUから輸入した洗濯機の台数は、２０２１年の４・９倍、冷蔵庫は2倍強だった。そして、２０２２年にはカザフスタンからロシアへの輸出が金額ベースで前年比約20倍となっている。

こうしたことが背景にあって、米国の２０２３年10月の追加輸出規制がある。規制対象外に近かったアルメニアやカザフスタンでロシアのダミー会社が家電を買い付け、ロシアに迂回輸出するのを規制したのだ。

また、総合情報誌『ウェッジ』オンライン版（２０２３年1月4日付）で伝えている通り、《ロシアには２０１５年にお披露目された「アルマータ」という新型戦車が存在するが、それなりの国費が投じられたにもかかわらず、アルマータの新生産ラインは完成していない》《ウラル鉄道車両工場（筆者注：現在戦車を生産できるロシア唯一の工場）は依然として、１９７０年代に登場したT－72の生産に注力している》という状況だ。

半導体をはじめとする必要部品を全面的に輸入に依存するロシアにとって、制裁によって西側諸国からの輸入が止まった打撃は計り知れない。中国が一定程度の半導体を回しているのではないかという説もあるが、当然、ロシアが必要とする量を賄う（まかな）ほどの余力を中国は持っていない。

つまり、ロシアの軍事力の増強を阻止するポイントは、現代の最先端半導体をはじめとする先進電子機器の確保および技術の進行の抑制と並んで、あるいはそれ以上に、1980年代から1990年代にかけて生産された旧タイプの半導体のロシアへの流入の阻止が必要である、ということになる。メディアは、この大事な点を指摘していないのだ。

現在、米国をはじめとする西側諸国の意識は、中国に最先端半導体技術が流入しないよう、いかに規制するかに向けられているが、最先端兵器に使われている半導体には、ロシアの例を見ればわかる通り古いものも多い。

前述したように兵器システムは開発に10年、生産に10年という期間を経て運用開始の運びとなり、本格的な運用が始まるのは生産が始まって5年〜10年の実用検証期間を経た後だ。このことはロシアに限らず、中国や北朝鮮、わが国も同じである。

一定の管理を受けることもなく世界中の市場に出回っている旧タイプ半導体が、懸念国に流入しないよう輸出規制をすることが、先端ミサイルの増産を阻止するためにはとても重要であり、日欧米の各政府は、ここを押さえる必要がある。

人工知能が戦争のカタチを変えた

今から一世代前、20世紀終盤までの戦争では、物量ないしエネルギー量が、その勝敗を決めた。たとえば、史上最大の戦艦「大和」は、世界最大スケールの46センチ砲を主砲として搭載している、といった事実が説得力をもって評価された。軍事力の分析は、物量的なパワーの大小がすべてだった。

こうした戦争のパラダイムが1991年の湾岸戦争で大きく変わった。米軍を中心とした多国籍軍はデジタル技術を多用した情報システムを使って迅速な意思決定を行い、ピンポイント攻撃でイラク軍を圧倒した。

ピンポイント攻撃とは、無駄はしない、ということである。すべての局面でコンピュータによる計算のもとに「ここところを攻撃する」という集中攻撃作戦を案出した。この時点で物量ないしエネルギー量が勝敗を決するという戦争の構造が変わり、情報の活用が戦争の勝敗を決する重要な基本的手段に変わった。

物量戦争から情報化戦争へのこうした変化は、近年、さらに劇的に変わりつつある。その鍵を握っているのが人工知能だ。今のところ人工知能に明確な定義はないが、1986年に設立され1990年に一般社団法人化された人工知能学会の設立趣意書によれば、人工知能とは「大量の知識データに対して、高度な推論を的確に行うことを目指したもの」とされている。

人工知能のアシストを受けて意思決定を行い、指揮を執るのが、今後の軍事作戦の構造になる。無人飛行爆撃機が何機も上空を行き来する風景が、その軍事行動を象徴するが、人工知能が出した答えに基づいて人工知能に対応した兵器が戦うようになるのだ。このような人工知能を使う戦争を「智能化戦争」という。

特に智能化戦争の準備に力を注いでいるのが中国人民解放軍である。

２０２２年10月に行われた第20回共産党大会で、習近平最高指導者は人工知能を活用する智能化戦争をあらためて強調し、人工知能開発推進の使命をあらためて中国共産党党員に周知させた。

防衛省の研究機関である防衛研究所は『中国安全保障レポート２０２１年度版』で、「中国はＡＩ（人工知能）など先端技術を駆使した将来の智能化戦争に備え、新たな部隊の創設や研究開発を進めている」と指摘した。

防衛省は、２０２３年７月に公開した『令和五年版防衛白書』の中で、直近の中国の軍事動向について次のように分析・整理している。

《新技術によって将来戦闘の速度とテンポが上昇し、また、戦場での不確実性を低減して情報処理の速度と質を向上させ、潜在的な敵に対する意思決定の優位性を提供するためには、ＡＩの運用化が必要であると認識している。

智能化されたスウォームによる消耗戦など、智能化された戦争のための次世代の作戦構想を模索している。

無人システムを重要な智能化技術と考えており、スウォーム攻撃、最適化された兵站支援、分散された情報収集・警戒監視・偵察活動などを可能にするために、無人の陸・海・空のアセット（筆者注：軍事資産）の自律性を高めることを追求している》

スウォームとは、ドローンを数十機から数百機の単位で飛行制御して目標に向かわせる技術のことである。また、消耗戦とは数百機のドローンのうち9割以上が撃ち落とされても残る数機で、たとえばレーザーサイト（照準器）や滑走路の破壊といった目的を達成できればよいと考える、ということだ。

そして人民解放軍は、すでに智能化戦争のアクセルを踏んでいると見ていい。

智能化戦争にはスパコンが必要不可欠

智能化戦争で重要な役割を果たす人工知能の基礎は「計算」である。計算、つまり数学演算や推論を行って軍事的な認知および運動を実現させるためには、強力な計算能力を持つコンピュータが必要不可欠になる。

強力な計算能力は、中央処理装置（ＣＰＵ）という半導体に支えられている。このＣＰＵを1個のみ搭載したコンピュータをパーソナルコンピュータ（パソコン）と呼び、ＣＰＵを数千個から数万個搭載して、同時にＣＰＵを作動させ、超高速な計算をするコンピュータをスーパーコンピュータ（スパコン）と呼ぶ。

スパコンが、智能化戦争で使われる人工知能の基礎となる高速計算を行うので、米国は神経質になり、対中規制の対象としたのである。スパコンに搭載されるＣＰＵには、膨大な量のトランジスタ（半導体素子）が詰め込まれている。

ＣＰＵの動作速度を速くし、消費電力を減らし、製造コストを低減するには、ＣＰＵの中にひとつでも多くのトランジスタを詰め込むことが有効だ。そのために、トランジスタの回路の線幅を細くして、トランジスタの大きさを小型化する必要がある。ＣＰＵの高性能化を実現するように、回路の線幅を細くする研究が続いている。

同一面積の中にどれだけの数の半導体素子を詰め込むことができるか、その進歩を予測した人がいた。米インテル社の共同創業者の一人、ゴードン・ムーアである。ムーアは1965年、『エレクトロニクス』誌に寄稿した論文の中で、開発の経験則から「同一面積あたりの半導体素子数は毎年2倍になる」とした。これを「ムーアの法則」という。

ムーアの法則は１９７５年に「毎年2倍」から「2年で2倍」に修正されたが、驚くべきことに50年ほどを経た今でもこの法則は生き続けている。つまり、集積回路の高性能化はスピードを落とすことなく進む一方である。

とはいえ「この法則のポイントである回路線幅の微細化は近く限界を迎えるだろう」「それにともなって法則も終焉するだろう」と見る専門家もいる。そこで、日本が得意とする3次元実装技術が注目されている。チップを3次元に重ねる実装（パッケージング）技術を用いた半導体を「３次元ＩＣ」と呼び、データセンターなどで使われる高性能サーバーや人工知能向けに使用される。

米国アップル社が２０２３年9月に発表したスマートフォン「ｉＰｈｏｎｅ 15Ｐｒｏ」に搭載されているプロセッサ「Ａｐｐｌｅ Ａ17 Ｐｒｏ」の回路線幅は、世界で最も細い3ナノメートルであり、約１９０億個のトランジスタを搭載しているとされる。生産しているのは、台湾の半導体メーカー、台湾積体電路製造（ＴＳＭＣ）だ。

中国の半導体技術開発は米国のそれに周回遅れをとっているのが実情だが、いずれにせよ中国は、習近平最高指導者が、２０１５年5月に発表した産業政策「中国製造２０２５（メイド・イン・チャイナ２０２５）」に明記されている「半導体自給率を２０２５年までに70％に引き上げる計画」を着々と進めている。

それに待ったをかけたのが、2022年10月の米国の対中半導体規制であり、中国製造2025の目標実現は危ぶまれる状況となっている。中国は2017年7月に「次世代AI発展計画」を発表しており、2030年にはAIの理論や技術、応用と、すべての分野で中国を世界トップ水準に引き上げる計画、つまり、人民解放軍がアジア太平洋地域において米国軍事力に対して優位に立つ計画を立てている。米国の対中半導体規制はもちろんそれに大打撃を与えているが、中国もまた、もちろん、ただ指をくわえて眺めているわけではない。中国はあらゆる手段を使って先端半導体技術を奪おうとし、米国もまたあらゆる手段を使い中国の野望を阻止しようとしているのが、直近の様相なのだ。

積極的に中国に半導体を売る米国企業の存在

人工知能開発に不可欠なものとして現在、特に重要視されているのは、実はCPUの性能向上ではなく、GPU[※10]の性能向上である。GPUはグラフィックと名のつく通り、もともとは画像処理に特化したゲーム用に開発されたプロセッサであり、CPUが行った複雑な計算結果を画像処理して出力する、単純作業に長けたプロセッサとして使われてきた。

ただし、CPUとGPUには決定的な違いがある。CPUが1度にひとつのタスク処理

※10：Graphic Processing Unit

しかできないのに対して、GPUは、大規模な並列計算を可能にするプロセッサだ。計算能力は人工知能の基礎であり、計算能力の先進がすなわち人工知能の先進なのである。

中国は、このGPUを盛んに奪おうと画策している。奪うと言っても、文字通り暴力をもって強奪するわけではない。むしろ、目先の利益最優先で積極的に中国にGPUを売る企業が米国内には存在する。

中国を代表する検索サイト「百度（バイドゥ）」や、北京字節跳動科技（バイトダンス）が運営する世界的な動画投稿アプリ「ティックトック」のシステムは、「エヌビディア・コーポレーション」（エヌビディア）という米国企業のGPUを大量に使用していることで知られている。

エヌビディアは、米国カリフォルニア州サンタクララにある、GPUの設計に特化した半導体企業だ。創業者は、黄仁勳（ジェンスン・ファン）。台湾・台南市生まれの台湾系米国人である。9歳の時に米国に移住しており、中華民国と米国の二重国籍者だ。

2022年10月の対中半導体規制に先立ち、エヌビディアは報道向け資料で、「米国政府は、今後、香港を含む中国とロシアに輸出される当社のGPU『A100』と、近く発表予定のGPU『H100』に関して、新たなライセンス要件を課した」ことを明らかにした。つまり、米国政府は、エヌビディアの輸出製品は軍事転用され、国家安全保障を脅（おびや）かす、として規制をかけたのである。

ところが、エヌビディアは回避策を実行する。ＧＰＵ「Ｈ１００」の性能を半減させたという「Ｈ８００」を規制外として中国に輸出し続けたのだ。

「Ｈ８００」は２０２３年10月の規制強化で輸出禁止となったが、エヌビディアは輸出規則に準拠するよう再設計した３種類の新たな半導体「ＨＧＸ Ｈ20」「Ｌ20 ＰＣＩｅ」「Ｌ２ ＰＣＩｅ」を中国市場向けに投入すると報じられた。Ｈ１００の改良型であるＨ20は、人工知能機能において重要なＬＬＭ（大規模言語モデル）推論がＨ１００よりも20％以上高速化しているとされる。ちなみにＬＬＭが重要なのは、ＣｈａｔＧＰＴをはじめとする生成ＡＩサービスは膨大なテキストデータを学習する必要があるからだ。

米国政府は、ただちにエヌビディアのＡＩチップの調査を開始し、同年12月、レモンド米国商務長官が政治経済総合誌『ブルームバーグ』のインタビューで、半ば見せしめのかたちでエヌビディアの調査を開始したことを暴露した。

また、レモンド氏は、同年同月の米西部カリフォルニア州シミバレーで開催されたレーガン国防フォーラムでの演説でもエヌビディアを名指しで批判し、「中国に先端半導体をわたすことはできない。私たちは彼らに最先端の技術を提供しない」という趣旨の発言をしている。

ここでひとつ断っておきたいのは、百度やティックトックは「エヌビディアの製品を使うこと＝軍事使用を目的としている」とは考えてはいないということだ。

だからといって、安心するのは早計だ。中国は2017年頃から「軍民融合政策」を公言していることを忘れてはいけない。

また、2010年に施行された「国防動員法」の第1章総則第4条には、次のように明記されている。

《国防動員は、平時と戦時との結合、軍需と民需との結合及び寓軍於民という方針を堅持し、統一的指導、全国民の参加、長期的準備、重点的建設、全局を考慮した統一的計画及び秩序があり効率が高いことという原則に従う》(訳・国立国会図書館海外立法情報調査室)

「寓軍於民」とは〝軍を民に宿らせる〟、つまり軍需産業を国民経済に統合して軍事に民間の活力を導入すべし、という意味のスローガンだ。米国政府は軍民融合政策を「中国共産党が人民解放軍を世界クラスの軍に発展させるため、民間企業を通じて外国の技術を含む重要・新興技術を取得・転用する戦略」と定義している。

また、中国はすでに2005年に民生部門企業の軍事産業への参入を解禁している。「軍事四証」という資格制度を確立させ、資格を持つものは人民解放軍と直接取引ができるようになっている。

つまり、いくら民生企業の顔をしていても、軍事四証を取得している限りは、武器兵器を製造する意思があると考えられる。軍民融合政策の中国では、中国企業は、民生品用として取引したはずの製品や技術を軍事転用し、人民解放軍と取引する権利を制度として有している。

ちなみに企業に限らず、学校も軍事四証を取得して軍需産業に参入している。このことは第5章で詳述する。

ともかく、中国はエヌビディアの製品を買い溜めし、エヌビディアも中国のニーズに応えているのは間違いない。あるベンチャー企業はＬＬＭ開発を行うために、禁止措置が発効する前にエヌビディアのＧＰＵを買い溜めした。百度や北京字節跳動科技（バイトダンス）のほか、企業間取引通販サイトを運営するアリババ、総合ネットサービスを展開するテンセントも、２０２３年から２４年に納品されるＧＰＵをエヌビディアに発注済みだ。その総額は、50億ドル相当である。

ＧＰＵ買い溜めの背後には中国共産党と中国政府が確固として存在しており、智能化戦争に向けた人工知能開発を進めているのではないかとも考えられる。

２０２３年10月、米国政府は半導体輸出規制をさらに強化した。追加された禁止項目、制裁項目を見ると、いかに米国が半導体に対して神経質になっているか、また、半導体が、安全保障上どれほど重要な部品であるかが理解できる。

智能化戦争の勝敗を決する人工知能の開発に必要なGPUはエヌビディアが圧倒的な競争優位を持ち、中国がこれを追いかける構図になっているが、日本は総力でGPU開発に取り組み、国産装備品には日本製GPUの搭載を義務付ける必要がある。

では次章では、中国が半導体覇権を握るため、どのような攻勢に出ているか、具体的に見ていこう。

第2章

とどまるところを知らない中国の野心

——世界の覇権を握るため、半導体をその支配権に

中国が仕掛ける「超限戦」の実態とは

中国は、半導体を含むあらゆるものを使い、自由で開かれた国々と「闘争」を続けている。その根底にあるのが「超限戦」だ。

現在、先端半導体の獲得および自国内開発に注力している中国は、前時代的な物量とエネルギー量による戦争のパラダイムから完全に方向転換しているが、そのきっかけは、1995年から翌年にかけて生じた第3次台湾海峡危機に遡(さかのぼ)る。

第3次台湾海峡危機は、台湾周辺の海域で中国が実施したミサイル発射実験によって発生した、台湾および台湾を後援する米国と、中国との間の軍事衝突危機である。台湾初の総統直接選挙が実施されるにあたり、独立推進派への投票を牽制(けんせい)するため、中国は演習のかたちで軍事行動を起こした。ただし、結果的には当時現職の国民党・李登輝が第9期総統に就いている。

第一波、第二波と台湾海峡にミサイルを打ち込んだ中国の軍事行動に対して、米国は直(ただ)ちに「ニミッツ」ならびに「インディペンデンス」を中心とした2個の航空母艦群を派遣して中国を牽制した。

その規模は、各国のマスコミによれば「ベトナム戦争以来最大級の軍事力の行使」だった。中国は、米国の圧倒的な軍事力を、ここに初めて目の当たりにしたと言っていい。

この第3次台湾海峡危機、中国側から言わせれば台湾制圧軍事演習に参加した2人の将校――ともに人民解放軍空軍に所属する少将・喬良（きょうりょう）と大佐・王湘穂（おうしょうほ）が米国の軍事力に直に接した経験と知見をもとに戦争理論書を著した。1999年に中国人民解放軍文芸出版社から発刊された『超限戦：対全球化時代戦争与戦法的想定』である。米国では同年の内に『Unrestricted Warfare』（際限なき戦争）というタイトルで、ネットサービスなどを通じて英訳が出回った。

日本では2001年に『超限戦　21世紀の「新しい戦争」』（共同通信社）として邦訳出版され、2020年初頭には角川新書として復刊している。後に著者の喬良は中国人民解放軍国防大学教授、王湘穂は北京航空航天大学教授を務めた。

喬良と王湘穂が提唱した戦争理論『超限戦』の「超限」とは、「中国は、自衛のために、すべての境界と規制を超える戦争を行う準備をすべきだ」という基本コンセプトによる。

『超限戦』は、まず「現在の戦争についてのルールや国際法、国際協定は西側諸国がつくったものであり、米国が新時代の軍事技術と兵器の競争をリードしている。このままの状態で米国に対抗して兵器開発に巨額の費用を投入することは中国経済の崩壊を招きかねない」という現状分析を行い、「では中国はどうすべきか」という課題に対して、「あらゆるものを戦争の手段とし、あらゆる場所を戦場とすべきだ」と主張し、次のように解説する。

「超限戦とは、すべての境界と限度を超えた21世紀の戦争であり、グローバル化と技術の総合を特徴とする」

「一見、戦争とは何の関係もない行動が、最後には非軍事の戦争行動となる。貿易、金融、ハイテク、環境の分野などは、従来なら軍事範囲とは考えられなかった。しかし、これらは利用次第で多大な経済的・社会的損失を国家や地域に与えることができる」

「人類に幸福をもたらすものは人類に災難をもたらすことができる。今日の世界で、兵器にならないものはない。株価の暴落や為替レートの異常変動は人為的に操作できる。コンピュータシステムへはウイルスを侵入させることができる。ネットによる各国首脳のスキャンダルの暴露など、兵器として使えるものばかりである」

そして、おそらく最も衝撃的なのは、次の一文である。

《人々はある朝、目が覚めると、おとなしくて平和的な事物が攻撃性と殺傷性を持ち始めたことに気がつくだろう》（喬良・王湘穂著、坂井臣之助監修、劉琦訳『超限戦』角川新書、2020年）

『超限戦』は4半世紀ほど前に書かれた戦争理論だが、中国は現在、この理論をそのままに「自由で開かれた諸国との闘争」を続けているのだ。

〝攻撃性〟と〝殺傷性〟を持ち始めた平和的な事物

『超限戦』の《人々はある朝、目が覚めると、おとなしくて平和的な事物が攻撃性と殺傷性を持ち始めたことに気がつくだろう》という風景を、まるでSF映画のようだと笑って済ませられる時代はすでに終わっている。

超限戦理論を用いて、半導体を武器として使う中国が半導体産業を支配した場合、最も恐ろしく、懸念されることは、マルウェア、つまり被害をもたらすことを目的とした悪意あるプログラムが仕込まれた中国製半導体が製品に搭載されて日本に入ってくることだ。最先端ではないレガシー半導体に対する警戒を怠ってはならない。

通常、ほとんどすべてのコンピュータソフトウェアには、マニュアルにも書かれず、公表もされない命令コマンドが仕込まれている。主にデバッグ（不具合の修正）を実行するためのコマンドで、「隠しコマンド」などと呼ばれる。隠しコマンドとはいえ、言語でプログラムの中に記述されているから、専門的な知識があればたやすく見つけることができる。

隠しコマンドはこのようにコンピュータソフトウェアのプログラムの中に書かれるのが通常だ。しかし、半導体そのものの中に仕込むこともできるのである。

月刊『正論』(産経新聞社)2021年5月号に掲載された、筆者の拙稿「半導体、通信復活で日本は世界覇権獲れ」で触れているが、ある半導体設計技術者にマルウェアの可能性について問い合わせたところ、「技術的には十分に可能で、しかも外部から発見することはとても難しい」という返答を得た。マルウェアを忍ばせた半導体が中国で生産される可能性は十分にある。

実際に『ウォール・ストリート・ジャーナル』が、2020年2月、「米国政府高官が、ファーウェイの製品にはモバイル通信のデータを傍受する能力があるとして公然と非難した」と報じたことがある。ファーウェイは、製品およびネットワークシステムにバックドア(侵入するための入口)を埋め込んで情報を不正入手し、中国政府に提供していたとされている。

また、2020年12月、米国土安全保障省のチャド・ウルフ長官代行(当時)が中国最大手の家電メーカーTCLについて、「すべてのテレビにバックドアを仕込んでサイバー侵入を可能にし、データを漏洩(ろうえい)させていた」ことを明らかにした。パナソニックは202

1年から中小型のテレビ生産をTCLに委託しているが、バックドアに関する調査を十分にしているのかどうかについては疑問が残る。

ファーウェイにしてもTCLにしても、中国の軍民融合政策に基づけば、同国企業にとってこれらは常識的な行為である。そして、半導体にマルウェアを仕込むこともまた、これとまったく同じ理屈をもって行われる。

2021年3月19日未明、茨城県ひたちなか市にあるルネサスエレクトロニクスの那珂(なか)工場で火災が発生した。幸いけが人はなかったが、同工場では計11台の半導体製造装置が焼損し、半導体の生産停止に追い込まれた。現場検証によると、出火原因は、めっき装置で過電流が発生し、周辺の樹脂に引火したということだ。過電流が発生した原因はいくつか考えられるが、特定に至っていない。しかし、サイバー工作員による遠隔操作で、悪意ある半導体が実装された生産設備が過電流状態にされる事態やサイバー攻撃により、マルウェアに感染した工場内の装置が過電流にさらされることはあり得ることだ。

現時点で最も危惧(きぐ)されるのは電気自動車だ。中国は今や世界に冠たる電気自動車大国である。国際エネルギー機関の統計によれば、2022年の実績で世界全体の電気乗用車の販売台数1020万台のうち、中国が57・8%を占めており、EU（ヨーロッパ連合）は19・4%、米国は9・7%、日本は1・0%である。

中国がここまでのシェアを持つには理由がある。それは、中国政府の産業補助金が自国電気メーカーにつぎ込まれ、ダンピング（不当廉売）輸出が行われているとされるからだ。その証拠にEUは2023年10月、「中国製の電気自動車が、国からの補助金で価格を抑え、ヨーロッパ市場での競争をゆがめているとみて正式に調査を始めた」と発表した。

2021年時点の数字で中国の半導体自給率は外資系の半導体会社のものを含めて16・7%、純粋に中国企業による自給率は6・6%である。したがって今は外国製半導体に頼っている中国製電気自動車産業だが、「中国製造2025」といった産業発展政策に基づいて自給率を高め、いずれは、中国で生産される電気自動車についてはすべて中国製半導体のみの使用を義務付ける計画の途上にある。産業補助金に援護されたダンピング輸出によるシェアの強奪は、その前哨戦に過ぎない。

『産経新聞』は2023年9月17日付で「中国政府、電気自動車部品の国産使用を指示　半導体など、日米欧排除」と報じた。

《中国政府が中国の電気自動車（EV）メーカーに対し、半導体などの電子部品に国産を使用するよう指示していたことが17日、分かった。外交筋が明らかにした。急速に普及するEVのサプライチェーン（供給網）を中国企業で完結させ、日米欧の部品企業の排除を進める狙いがあるとみられる。

世界最大市場で日本の自動車メーカーのＥＶ戦略や中国企業との協業に影響する恐れもある。

外交筋によると、中国工業情報省の閣僚経験者が昨年11月、中国の自動車メーカーを集めた会合で、ＥＶ半導体などで国産部品を使用する数値目標を立てるよう指示した。達成できない場合は罰則を科す可能性もあるという》

中国製半導体のみの使用が義務付けられれば、日本のメーカーが管理する製品であっても、中国工場で中国製半導体を組み込んだ日本メーカー・ブランドの電気自動車が生産され、日本に輸入されて販売されることになる。そして、この電気自動車に組み込まれた半導体に隠しコマンドが仕込まれていたとしても、先のある半導体設計技術者の言う通り、「発見することはとても難しい」。

外国から通信ネットワークを通じて起動できる隠しコマンドが、もしも電気自動車を制御不能にするものだとしたらどうなるだろうか。運転中の電気自動車が突然、暴走を始め、ハンドルもブレーキも効かない状態となる。『超限戦』に書かれている《人々はある朝、目が覚めると、おとなしくて平和的な事物が攻撃性と殺傷性を持ち始めたことに気がつくだろう》という状況が、まさに実現するのだ。マルウェアを忍び込ませた危険な半導体を使うことは、経済安全保障の観点から、到底、容認できない。日本で、安心・安全な半導体を設計、国内生産して使用することが必要となる。

ところが、EUが中国製電気自動車のダンピングに調査の手を入れ始めたにもかかわらず、日本では今のところ、まったくそうした対策の気配がない。むしろ、購入補助金をつけて、中国製を含めた電気自動車の購入促進を図っている始末だ。

2023年の時点で、個人が電気自動車を購入する場合の補助金は、電気自動車の場合、85万円を上限として支給されることが決まっている。さらに、最大85万円の国の補助金に都道府県別の補助金がプラスされる。その額は、個人で購入する場合、東京都では最大45万円だ。つまり、東京都で電気自動車を買う場合には、中国製電気自動車の購入に最大で130万円が補助される。なお、トヨタ、日産、ホンダなどの日本の自動車会社だけでなく、BMW（ドイツ）、メルセデス・ベンツ（ドイツ）、テスラ（米）、BYD（中国）、現代（ヒュンダイ）自動車（韓国）などの電気自動車にも補助金が支給される。

日本の基幹産業は自動車産業であり、その主力はガソリン車とハイブリッド車である。そこには540万人の雇用があり、日本経済の屋台骨となっている。

そうした領域の競合に対して、公金が投入されている。これを「産業政策音痴」と言わずして何と言うのか。ここに経済安全保障の観点はまったくない。電気自動車は、モーターと車輪がついたタブレットのようなものである。悪意をもって半導体に細工されれば、いかようにも危険なデバイスとなる。

電気自動車とは言わずとも、カーナビゲーションシステムやドライビングレコーダーにも同様の危険性がある。バックドアを駆使すれば、日本の地理情報はすべて中国に抜かれることになる。地理情報のリアルタイムな流出は安全保障上のリスクを著しく高めることになるだろう。

すでに中国製の電気自動車を積極的に採用している企業も存在している。運輸業最大手の佐川急便がそうだ。２０２２年９月、同社の配送車両約７２００台の中国製電気自動車への切り替えを開始した。該当の軽商用バンは、佐川急便と日本のベンチャー企業ＡＳＦが共同開発したものだが、量産は中国の広西汽車が担当している。佐川急便の配送車両は日本全国をくまなく走行することを忘れてはならない。

中国は「軍民融合政策」で民生技術の軍事転用を推進

半導体をも利用する中国だが、ここまで〝怪物化〟した要因を整理したい。

冷戦終結前の経済のグローバル化は、主要7カ国（G7）の国際化であり、法の支配を共通の価値観とする西側諸国の間でヒト、モノ、カネ、情報の移動が行われ、労働者の権利や環境破壊などを無視した競争はほとんど起こらなかった。

東西冷戦が終わり、ソビエト連邦が崩壊し、多くの東側諸国で共産党政権が倒れた。そこで、台頭してきたのが「グローバリズム」と呼ばれる思想である。

経済のグローバル化を主張する人たちは、サプライチェーンについて「ビジネスの上で最適な環境にある国が半導体をつくればよく、半導体を必要とする国はそうした国から安定的に供給を受ければよい」と主張する。ヒト・モノ・カネ・情報が、国境を越えて自由に往来することで世界は繁栄する。そのためにこそ自由貿易を促進すべきだ、というメッセージがその裏には隠されている。しかし、現実は、そんなに単純ではない。

多国籍企業は、民主主義国家と全体主義国家の価値観や政治制度などの違いを先送りにして、中国市場を利用して経済のグローバル化を進めた。価値観の違いを先送りにするために使われたのが、「中国が豊かになれば民主化する」という言い訳だった。

中国は世界貿易機関（WTO）に加入し、鄧小平（とうしょうへい）最高指導者は改革開放路線を掲げ、安価で豊富な労働力を提供できる中国は「世界の工場」として、西側諸国のサプライチェーンに組み込まれた。

その結果、中国は、2007年に名目GDPでドイツを抜いて世界第3位となり、そして、2010年には日本を抜き、世界第2位の経済大国となった。

西側諸国は「中国の特色ある社会主義」問題を先送りにした。「中国の特色ある社会主義」とは「マルクス・レーニン主義＋毛沢東思想＋習近平思想」であり、元祖マルクス・レーニン主義と同じではない。

中国は、中国を初めて統一した秦の始皇帝以来、2000年以上の間、漢民族と周辺の民族が入れ替わり皇帝を名乗って興亡を繰り返し、その時々の支配者が中央集権的な王朝によって人々を支配してきた。

西側諸国や多国籍企業は、中国の歴史とそれを背景とする国家と個人の問題を棚上げにして、経済のグローバル化を進めた。その結果、西側諸国から中国に生産拠点が移転し、それによって中国は急速に経済的発展を遂げ、GDP世界第2位となったわけだが、習近平氏が最高指導者に就任後、鄧小平の改革開放路線と決別し、規制と統制路線へと舵を切った。

2010年には、国防動員法の施行以降、国家情報法、輸出禁止・輸出制限技術リスト、中国版エンティティリスト、輸出管理法、反外国制裁法、サイバー安全法、データ安全法、個人情報保護法、改正反スパイ法など、独裁者に奉仕する法律が次々に施行され、国家安全部が強大な権限をふるう国へと変質した。

一方で、産業政策はどうなのか。２０１５年に製造覇権を握るためのロードマップ、「中国製造２０２５」「中国標準２０３５」「中国製造２０４９」を発表、２０４９年までに10の産業分野（①半導体を含む次世代情報通信技術、②先端デジタル制御工作機械とロボット、③航空・宇宙設備、④海洋建設機械・ハイテク船舶、⑤先進軌道交通設備、⑥省エネ・新エネルギー自動車、⑦電力設備、⑧農薬用機械設備、⑨新材料、⑩バイオ医薬・高性能医療器械）で世界最強の製造強国になると宣言した。

中国はこれら10の産業分野で、米国よりも優位に立ち、世界を支配しようという野望をむき出しにし、米国は、中国の諸政策が自国への挑戦であると見なした。さらに、中国は２０１７年頃から軍民融合政策を掲げており、その中で、民生技術の軍事転用も推進している。

中国がここまで巨大化したのは、米国が手助けしたせいである面も否めない。

というのも米国は、２０１７年にバラク・オバマ氏が大統領を退任するまで、何の迷いもなく経済のグローバル化を推進してきたからだ。「ヒト、モノ、カネ、情報は何の問題も生じることなく国境を越えて自由に行き来し得る」とし、米国は「関与政策」によって中国を「世界の工場」として経済成長させた。米民主党政権と中国共産党政権の蜜月時代でもあった。

当然、急速な経済のグローバル化は、米国国内にも多大なダメージを与えることになった。製造の空洞化を加速させ、ミシガン州・オハイオ州・ウィスコンシン州・ペンシルベニア州などにあった鉄鋼や石炭、自動車などの工業地帯は衰退し、ラストベルト（銹鏽地帯）と呼ばれるまでになった。

多国籍企業は、民主主義国家のルール下にある自国内の工場を閉鎖し、独裁国家に工場を移転するようになる。民主主義国家では禁止されている強制労働を行い、コストを下げて利益を極大化し、株主への配当と経営陣への報酬に支弁した。

その結果、中国は工業化を果たすとともに巨大な生産能力を持つようになった。そして、それと同時に世界覇権への野心をむき出しにし、西側諸国への「闘争」を開始したのだ。

造船産業を例に挙げると、米国や西側諸国からの対中直接投資や技術移転は中国に米国の230倍以上の造船能力をもたらした。そこで中国はその造船能力をフル稼働して大量の戦闘艦艇の建造を進めるようになった。

2023年5月、米海軍研究所は米国議会に「中国海軍は東アジアのどの国よりも群を抜いて最大であり、2015年から2020年の間のある時点で、戦闘艦艇の数で米海軍を上回った」という報告書を提出した。英国の大手新聞『タイムズ』は2023年7月、「米海軍情報部による最新の評価で、中国の造船所全体の造船能力が２３２５万トンであるのに対し、米国は10万トンにも満たず、その差は実に２３０倍を超えることが明らかになった」と伝えた。あきれてモノも言えない。

米国内の産業衰退と、巨大化する中国に対し、強い問題意識を持つとともに具体的な対中規制および制裁政策をとったのが、第45代大統領時代のドナルド・トランプ氏だ。トランプ大統領がとった対中方針は、バイデン大統領に交代しても大きく変化しなかった。米国議会は超党派で対中法案を次々と可決、成立させ、バイデン政権は議会で成立した法律を執行していた。

実際に米国内でも今までの対中政策に関して、反省の声があがっている。２０２３年12月15日、米下院の中国特別委員会は「米国のこれまでの対中関与政策は失敗であった」とする報告書を発表したのは、その証左でもある。

中国は米国と「競争」ではなく「闘争」している

米国が中国を甘やかし続けたことに対する反省の弁は、言論界からも出ている。米国防総省顧問および国防政策委員会委員長を務める政治学者マイケル・ピルズベリーは、２０

15年に出版した『China2049　秘密裏に遂行される「世界覇権100年戦略」』（森本敏・解説、野中香方子・訳、日経BP）で猛省している。

かつては親中派として知られていたピルズベリーは、同書の中で、《朝鮮戦争では米国に敵対した中国だが、1972年のニクソン訪中を機に「遅れている中国を助けてやれば、やがて民主的で平和的な大国になる。決して、世界支配を目論むような野望を持つことはない」と米国の対中政策決定者に信じ込ませてしまった》としている。米国は、中国を民主化する目的で支援を続け、中国との通商拡大によって自由化を図る「関与政策」を進めてきたのである。

しかし、中国に対する関与政策は機能しなかった。現実にいよいよ気がついた米国政府と議会は、超党派で米中の経済関係を大きく見直し、軍民融合政策に基づく中国の軍民両用技術開発を制限する戦略に転換する。

バイデン政権は、トランプ氏の米国ファースト（自国第一主義）を批判することで大統領選に勝利して誕生した政権だが、安全保障と経済競争の観点から、トランプ政権時代の対中デカップリング路線（対中経済分断路線）を踏襲した。

そして、その路線は時を経るごとに強まり、バイデン政権は対中戦略のキーワードとして「プロテクト・アンド・プロモート（守りと攻め）」を掲げるに至った。

輸出規制を駆使して米国の機微技術（軍事利用される可能性の高い技術）の窃取、不法な技術移転などを防ぎ、中国の軍事的ならびに経済的台頭、力で国際秩序の現状変更を行おうとする試みにストップをかける「プロテクト（守り）」と、産業政策を通じて米国の防衛産業の競争優位を強める「プロモート（攻め）」の二本柱が現在の米国の対中戦略である。

この新しい対中戦略は、中国に対する米国政府のアプローチ概念が、「関与政策」からおよそ正反対の方向に転換したことを意味していた。つい最近まで、中国の自由化と民主化が幻想であることを知った後も、米国政府の政策立案者たちは、中国の技術成長を管理して米国から数世代遅れている状態を確実に保つことができれば問題はないと考えていたのである。

しかし、今は違う。バイデン政権は中国の技術進歩を止めようとした。半導体規制はその大きな一環であり、スーパーコンピューティング分野、人工知能分野、そしてバイオテクノロジー分野とクリーンエネルギー分野における中国の技術進歩をも止めようとしたのである。

しかし、米民主党の認識は甘い。バイデン政権は「国家安全保障戦略」を発表し、中国を「国際秩序を改変する意図を有するとともに、この目標を達成する経済的、外交的、軍事的、技術的な力をますます増大させつつある唯一の『競争』相手」としていたが、そうではない。前述したように、中国は米国と「競争」ではなく、「闘争」しているのだ。共和党政権であれば、この「守り」と「攻め」という対中戦略は、さらに過激で、かつ厳しいものになるはずである。

逆転の一手!?　世界支配の野望を表明した「双循環戦略」

一方で、中国の習近平最高指導者は、米国が対中政策を転換しようとも、覇権を握る意思を捨てる気はさらさらないようだ。2022年の共産党大会で、習近平氏は「建国100年を迎える2049年までには中国を総合的な国力と国際影響力という点で世界をリードする国にする」と演説したのは、その表れだろう。

だが、中国の成長にも陰りが見え始めている。

2023年3月に開かれた全国人民代表大会で、習近平が中国共産党総書記ならびに国家最高指導者として異例の3選を果たしたが、中国共産党の前には、中国経済の減速、少子高齢化の加速、そして米中対立による国際環境の変化といった課題が山積している。

そこで中国政府は、世界経済を中国のために機能させることに焦点を置くようになった。中国製造2025や中国製造2049、中国基準2035といった産業政策を明文化し、国内市場の育成ならびに高付加価値産業の育成、外国企業および市場との選択的協力を組み合わせた新しい経済モデルを打ち出したのだ。

これが、中国政府の「双循環戦略」である。双循環戦略とは簡単に言えば、「中国14億人の国内市場を活性化させ、外国企業を呼び込み、中国に製品の開発・製造拠点を移転させ、外国の製造を空洞化させる」ということに尽きる。つまり、双循環戦略は国境なきグローバル経済への参加を目指した改革開放路線とは対極にある方針なのだ。

双循環戦略は2020年に初めて登場した。習近平国家主席が呼びかけた「新たな発展パターン」の創設がその始まりだ。中国市場が「主力」となること、そして、中国経済の循環促進によって国内外の市場が確実に相互支援できるようにすることを主眼とする。

戦略通りに行けば、世界中の国々が、生活するうえで必要な製品や商品の入手を中国に頼ることになる。生活必需品を中国から輸入する立場になるのだ。中国には、生活必需品を始めとする製品を購入した代金が外国から支払われる。つまり中国は、外国の生殺与奪の権を握ることになるわけだ。

中国の主張に従わない国には、政策変更を迫るため、輸出を止めるなどの影響力行使を行う。製造が空洞化する国が増え、工業地帯は、ラストベルトと呼ばれる米国の衰退地域のようになる。他国が貧困化して経済が縮小する一方、世界の生産が集中する中国では、国民は豊かになり国内経済は拡大していく。

しかし今、中国政府は深刻な不動産価格暴落を抱えており、双循環戦略も先行きが不透明となっている。経済の成長を国内消費に基づく個人消費に変えるために、富の分配を抜本的に変える必要があるだろう。

富の分配については、歴代の独裁者たちが「共同繁栄」のスローガンを掲げてきたが、その意味は各独裁者によって異なる。習主席最高指導者は「共同繁栄」とは「人民を第一にすることである」と説明し、具体的な方法論として汚職の取り締まり、より平等な所得分配の確保、社会保障制度の完備、公共サービスの強化などを挙げた。ただし、これは反対派への弾圧を続けるぞ、ということの婉曲(えんきょく)表現に過ぎない。いわば習近平最高指導者を核とする現中国共産党指導部の独裁体制と地位を維持するという宣言だろう。

では、具体的に双循環戦略の手順を見てみよう。

まず、中国政府は中国企業に産業補助金などを支給し、価格競争で優位に立つための優遇策を進める。中国企業・大学・研究機関には研究開発を推進するための助成金を支給する。これらは中国の半導体研究重点大学から、半導体研究の盛んな日本の大学への留学生派遣や、中国政府の国家市場監督管理総局が推進する新たな入札規格設定の動きと連動しているだろう。この新たな入札規格とは、中国政府などへの入札から中国で設計・開発を行わない機器を排除するものであり、いわば「中国で事業をしたければ、基幹技術を全て教えろ」という事実上の技術強制移転政策である。

例えば、中国政府は、化粧品の成分開示義務を強化しているが、これは開示された成分の情報を中国の化粧品会社にわたし、日本製と同等の化粧品を生産させて、中国製化粧品のブランド化を行おうとしているのではないか。そうなれば、日本の化粧品会社の国際的競争優位は失われる。

次は、輸出攻勢だ。家電製品、通信機器、太陽光パネル、電気自動車など、中国企業はダンピング輸出で、海外の製造業を事業撤退に追い込んできた。これらの中国企業の海外事業を加速させながら、西側諸国から中国国内への技術移転を進めたり、技術力を高めたりすることで製品の高付加価値化を進め、中国国外で生み出す利益を中国に還流させる。製造が空洞化した国ではものづくりができなくなり、経済が縮小して貧困化する。世界の生産が集中する中国では生産活動が活発になり、国民は豊かになり、国内経済が拡大する。中国の産業政策「中国製造2025」や「中国製造2049」に基づいた動きだろう。

2021年10月に発表された「国家標準化発展綱要」（中国標準2035）も、この第二段階を見込んでのロードマップである。外国が中国の技術・経済力に依存するに至ることを目的としている。IoT（家電をはじめ、さまざまな製品同士のインターネット接続）、クラウドコンピューティング、ビッグデータ、5G、人工知能、量子技術などを対象分野とし、国際標準化という手段を通じて2035年までには自国技術を海外展開していこうとする技術政策が中国標準2035である。そして、双循環戦略の仕上げは「エコノミック・ステートクラフト」の多用である。

中国の十八番「エコノミック・ステートクラフト」

エコノミック・ステートクラフトとは、「国家が軍事的手段でなく経済的手段により他国に対する影響力を行使すること」を指す。これまでも、中国は、エコノミック・ステートクラフトを多用して、言い分を聞かない相手国に対しては、膝を屈するまで輸入禁止や輸入関税率を上げるなどの手段をとってきた。

最近の事例としては、東京電力福島第一原発の処理水放出を口実に行った日本産水産物の全面的輸入停止が挙げられる。米国の半導体規制に同調する日本に対する、まさに経済的威圧だ。また、台湾のパイナップルを輸入禁止にし、行き場を失ったパイナップルを日本が輸入して消費したことなども記憶に新しい。

中国は貿易国相手にエコノミック・ステートクラフトを行うため、貿易上の相互依存関係を利用する。中国の言う「戦略的互恵関係」とは、そういう意味である。

ただし、中国のエコノミック・ステートクラフトへの対策は簡単である。会社の売上に占める中国向けの割合を希薄化し、中国に突然取引を停止されても経営に影響が出ないようにするのだ。

中国政府は、双循環戦略は一朝一夕に達成できないことを理解している。中国政府は不動産価格や株価が下落を続ける状況下で、経済の成長を国内消費に基づく個人消費に変え、富の分配の構造を抜本的に変えることが必要になるが、実現性は不透明である。

そこで、習主席は「高水準の開放」を訴えるようになった。中国は市場アクセスを緩和し、外国投資に対するリスクを軽減する意向であると宣伝している。にもかかわらず、2023年の対中直接投資は330億ドル（5兆円弱）の流入超過となり、新規投資分が2022年から8割減少し、2021年よりも1割弱となった。海外企業が中国投資を大きく減らしていることが、数字で裏付けられた格好だ。

欧米を始めとする各国が対中直接投資を減らす理由は、先述したように中国国内の法施行の実態にある。国防動員法、国家情報法、信頼できないエンティティリスト、輸出禁止・輸出制限技術リスト、輸出管理法、データ3法、反外国制裁法、改正反スパイ法など、独裁者に奉仕する規制と統制のための法律が強化されている。特に、国家安全部が強力な権限を持つ改正反スパイ法に対する西側諸国の警戒感は強く、米国務省は、不当拘束の可能性があるとして、米国国民に中国・香港への渡航を再考すべきであると警告している。

では、わが日本はどのような状況にあるだろうか。

中国と西側諸国との対立や双循環戦略の登場により、中国で事業を行う日本企業は難しい立場に置かれることになる。にもかかわらず、２０２４年１月、約１８０名の経済界合同訪中ミッション（日中経済協会、経団連、日本商工会議所）が訪中した。中国側の狙いは対中直接投資が激減している中、日本企業に対中投資の約束をさせ、減少の穴埋めをさせることにあるのは明らかである。

経済界合同訪中ミッションは、改正反スパイ法の施行などで不透明さを増す中国のビジネス環境の改善を訴えたものの、中国の王文濤（おうぶんとう）商務相からは「中国人にとっても、日本では同様の問題が起こっている」などと逆襲されたと報じられた。

経済界合同訪中ミッションの一員である日本経済団体連合会（経団連）は、帰国後のプレスリリースで「両国首脳は『戦略的互恵関係』を再確認し、建設的で安定的な日中関係を構築しようとしている。４年ぶりの訪中団はそうした動きを後押しする意味でも時宜（じぎ）を得たものであり、意義深い」と自画自賛するが、双循環戦略を考えると、果たして、そう言えるのか。さらに、２月には、中国の経済団体、中国国際貿易促進委員会の任鴻斌（にんこうひん）会長や中国企業が来日し、日中間の企業協力を強化するために、毎年、中国企業の代表団を日本に派遣する意向を明らかにしたが、憂慮に堪えない。

今後、中国政府は、日本企業にその事業と基準を中国政府の標準に合わせるように要求するだろう。中国の要請に応じる日本企業が出てくれば、それは習近平最高指導者の双循環戦略を補完する企業と言える。中国とのビジネスが売上全体に占める割合が高く、中国に生殺与奪の権を握られている日本企業にとって、中国側に立つことを旗幟鮮明（きしせんめい）にすることは、中国と西側諸国との間で深刻な政治危機が発生した場合に、一時的に、中国政府により保護される可能性があるのだ。ただし、中国に近づけば近づくほど、西側諸国の企業との関係は断絶すると言わざるを得ない。

しかも、中国べったりになったところで、中国製造２０４９が実現すれば用済みになり、あっさりと捨てられることは明白だ。

とにかく肝に銘じてほしいのは、中国は西側諸国とは「競争」ではなく「闘争」をしているのだということ。そのことを見誤ると、中国共産党の本質までも見誤ってしまう。

多くの日本企業に求められるのは、中国政府の手に堕（お）ちることを避け、中国依存を脱却し、自らが果たすべき重要な役割を理解することにある。

第3章

拡大・加速する米中対立

——半導体規制の綱引きは続く

米国の半導体サプライチェーンの優位性を支える企業群

第2章では中国の拡大する野心を見てきたが、では、半導体においては、どのような状況にあるのだろうか。結論から言えば、米国と中国の綱引きは水面下で激化している。

少し難しい話になるが、半導体をつくり出すための過程は、「前工程」と「後工程」の2つに分かれる。シリコンウエハー（半導体の「基板」となる素材）に電子回路を形成するまでが「前工程」、パッケージングや性能テストなどを「後工程」という。

中国は中央演算装置といわれる半導体やメモリーなどの先端半導体、また、先端半導体をつくるための製造装置や半導体材料の入手を海外に依存している。「中国製造2025（メイド・イン・チャイナ2025）」では半導体の自給を目指しているが、半導体を自国生産する目標値にはまだまだ至っていないのが現状だ。

逆に、米国は半導体の川上から川下に至るまで、つまり設計から量産まで幅広く競争優位を保持している。

材料の調達に始まり、製造、在庫管理、物流、販売に至る一連の流れをサプライチェーンと呼ぶが、米国はまた、半導体のサプライチェーンにおいて最も重要である研究開発分野を押さえている。重要装置であるプラズマＣＶＤ、物理的気相成長（物質の表面に薄膜を形成する蒸着法のひとつ）、化学機械研磨で圧倒的なシェアを誇る「アプライド・マテリアルズ」、半導体の製造プロセスで必要とされる検査、計測、診断ツールを提供する「ＫＬＡ」、成膜・エッチング・洗浄を行う装置に定評のある「ラムリサーチ」の３社は、その代表的な米国企業だ。

この３社に半導体製造の前工程の４つの基幹工程のすべての製造装置を持ち、前工程に強みのある日本の「東京エレクトロン」、露光装置に強みがあるオランダの「ＡＳＭＬ」が半導体製造装置の世界５強である。

また、世界最大手の中央処理装置および半導体素子のメーカー「インテル」や、ＣＰＵ／ＧＰＵなどの製造を行う「ＡＭＤ」※11も世界を代表する米国企業であり、台湾には、半導体デバイス（半導体チップ）を生産する「ＴＳＭＣ」がある。ＤＲＡＭ※12やＳＲＡＭ※13、ＮＡＮＤ（主にフラッシュメモリーに使用）などのメモリーは韓国の「サムソン電子」「ＳＫハイニックス」、米国の「マイクロン・テクノロジー」があり、これらの西側諸国の半導体企業が米国の半導体サプライチェーンの優位性を支えている。

半導体を自給できない中国は当然、半導体サプライチェーンの購入者の立場にあるわけだが、半導体が軍事の要となっている時代に、中国に先端半導体（技術）を提供すること

※11：Advanced Micro Devices
※12：Dynamic Random Access Memory
※13：Static Random Access Memory

は安全保障上の危機に直結する。米バイデン政権が中国に対して2022年10月、先端半導体および半導体製造装置の輸出を制限する規制措置を導入した理由は、安全保障政策の一環にほかならない。

米国は半導体製造およびスーパーコンピュータ用途の輸出品で、軍事用途のみ禁輸対象としていたものを民生用途も含め原則禁止とした。製品の米国以外からの再輸出規則も強化し、米国人および米国企業が中国において先端半導体製造関連に関与することを一切禁止している。

翌年の2023年10月、バイデン政権は中国に対する半導体規制をさらに強化した。中国の半導体設計企業を貿易制限リストに加え、これらの企業からの注文に応じる海外メーカーに対して米国のライセンス取得を義務付け、先端半導体製造装置やGPUなどの中国企業への販売規制を強化した。

これらは、いわゆる「抜け穴」対策である。2023年8月に中国の通信機器大手ファーウェイ(華為技術)が、スマートフォン「Mate 60 Pro」を発売したが、その製品仕様を見て、米国が驚愕(きょうがく)した。半導体規制にもかかわらず、中国が7ナノメートルの半導体を生産したからだ。このことが抜け穴対策および追加規制のきっかけとなったのだ(詳細は後述)。

ファーウェイのスマートフォン「Mate 60 Pro」の衝撃

「前工程」はシリコンウエハーに写真技術を応用して回路を形成し、電気特性を付与するための工程だ。本件で問題となるのは「前工程」における技術である。

現在、半導体技術の世界で追求され続けている大きなテーマのひとつが、いかに回路の配線の幅を狭くするか、である。回路線幅を狭くできれば、同一面積内により多くの半導体素子（トランジスタ）を組み込むことができ、計算を高速化することができる。

「露光」が回路線幅を決める上で、重要な役割を果たす。現時点で最先端である回路線幅5ナノメートル[※14]や3ナノメートルを実現するには、EUV[※15]と呼ばれる極端紫外線の露光技術が必須であり、世界でこの技術を使った露光装置を販売する企業はオランダのASMLのみである。

日本のキヤノンとニコンもこの分野に参入しており、ASMLとキヤノン、ニコンが半導体前工程の露光装置製造における3強だ。ただし、キヤノンとニコンは開発競争に敗れてしまい、ASMLにシェア首位の座を明けわたしているのが現在の状況である。

2022年10月の規制時点で、バイデン政権は安全保障上の許容範囲として14〜16ナノ

※14：1ナノメートルは10億分の1メートル
※15：Extreme Ultraviolet

メートルより太い回路線幅の半導体を規制の対象外としていた。米国は、中国が生産できる半導体は、8年前に最先端であった回路線幅14~16ナノメートルまでと考えていた。

ところが、中国の半導体ファウンドリ（半導体デバイスを生産）会社、「ＳＭＩＣ」がＡＳＭＬの旧型の露光装置を使って回路線幅7ナノメートルの先端半導体を製造し、ファーウェイに供給。ファーウェイは同社のスマホ「Ｍａｔｅ 60 Ｐｒｏ」に搭載したと言われている。

というのも、ＳＭＩＣの7ナノメートル半導体の製造能力は中国独自の技術革新に基づくものではなく、西側の輸出管理体制における複数の抜け穴を悪用し、必要な外国の機器を入手しているからである。ＡＳＭＬは２０２３年2月に発表した２０２２年の年次報告書の中で「中国を拠点とする従業員の1人が、ＡＳＭＬの独自技術に関連するデータの不正流用に関与していた」ことを明らかにした。オランダの新聞『ＮＲＣ』は、この犯罪者がＡＳＭＬを退職した後、ファーウェイで勤務したことも報じた。

また、中国は台湾のＴＳＭＣにいた技術者2人を高給で引き抜き、旧型の露光装置を使い、ダブルパターンニング（二重露光）技術を用いて、ＳＭＩＣに7ナノメートルの半導体「キリン９０００ｓ」をつくらせた、とされている。

ダブルパターニングとは、ひとつの回路パターンを2つの密集度の低いパターンに分割して露光する技術である。2014年、世界初のダブルパターニング技術を使い20ナノメートル半導体を量産した企業が、中国に技術者を引き抜かれたTSMCである。

2020年9月以降、米国の輸出管理制裁により、ファーウェイはTSMCから先端半導体を入手することができない。そこで中国はSMICに7ナノメートルのプロセッサ（半導体）「キリン9000s」を生産させた。ちなみに、SMICは米国のエンティティリストや人民解放軍と関係する会社リストに掲載されている。米国による半導体規制の対象会社なので、回路線幅14ナノメートル以下を製造できる半導体製造装置は存在しない。

2023年10月、元TSMC副社長バーン・J・リン氏は「SMICは、同じ装置を使って5ナノメートルの半導体の製造に進むことができるはずだ」と述べた。西側諸国の先進的機器に比べると収量は低く、コストは高いかもしれない。しかし、後述の通り、中国政府から継続的に多大な支援を受けている半導体製造企業は利益確保の制約を受けないので、世界市場で西側諸国の半導体企業からすると強力な競争相手であり続けるだろう。

一方で、「キリン9000s」に使用されている半導体は7ナノメートルと違うのではないか、という意見もある。2024年1月、カナダの調査会社テックインサイツがファーウェイの最新ノート型パソコンを分解したところ、そのノートPCには、2020年にTSMCが製造した回路線幅5ナノメートルの半導体が搭載されていたことが分かったからだ。TSMCは、2020年に入り、ファーウェイに5ナノ半導体の出荷を停止している。

ということは、ファーウェイは米国の半導体規制に対抗するため、重要な半導体製品を備蓄していたのだ。この備蓄分がノートPCに搭載されたことで、SMICが旧型の露光装置を使って先端半導体を自力で生産したという観測を打ち消す見方もある。

2023年8月、ファーウェイが「キリン9000s」を搭載したスマホ「Mate 60 Pro」を発表した時、旧型の露光装置を使い回路線幅7ナノメートルの半導体を製造したのではないか、旧世代の製造装置でも先端半導体が製造できる可能性が十分にあるのではないか、と米国は大いに驚愕し、規制を強化することになった。

しかし、米国以外の海外メーカーないし関連組織、あるいは学術界からの技術流入および製品流入、つまり「抜け穴」を使って、中国が着実に半導体製造技術を取り込みつつあることへの警戒を怠ってはならない。

というのも、技術流出の問題はたびたび発生しているからだ。

直近では2023年12月、韓国検察がサムスン電子の半導体技術を中国企業に流出させた容疑で元サムスン電子部長ら2人に対して拘束令状を請求するという事件が起こっている（詳細は第6章）。2人は2016年に転職した際、サムスン電子の16ナノ級DRAM核心技術を中国半導体企業「長新記憶技術」にわたした。被害額だけで数兆ウォンにのぼるとされている。

中国に転売されるはずだった？　イギリスの半導体企業

中国は西側諸国から半導体技術を国内に移転させるため、M&A（企業の合併・買収）を利用することも考えていたかもしれない。2018年、トランプ政権が、2019年度国防権限法と外国投資リスク審査現代化法を成立させたが、中国資本による米国企業へのM&Aを厳格化する前に、米国企業へのM&Aが現行法よりも緩い外資規制を定めた「2007年、外国投資及び国家安全保障法」によって運用されていた当時の話になる。

M&A規制の変更は日本企業にも及ぶ。

2016年9月、孫正義氏が会長を務めるソフトバンクグループがイギリスのアームホールディングスという会社を約3兆3000億円で100%買収し、大変話題になった。アームホールディングスは半導体のアーキテクチャ、つまり、基本設計に優れた技術を持つ世界のリーディングカンパニーである。特にモバイル機器向けのコアプロセッサーの開発設計では世界シェアの9割を占める。

アームホールディングスは世界中に多くの子会社を持っており、中国にはアームチャイナという100%出資の子会社があった。アームホールディングスは2018年、つまりソフトバンクグループに買収された後、アームチャイナの株式の51%を中国の投資会社連合に売却した。アームチャイナの株式を買ったのは、中国政府系ファンドである「中銀集団投資」、同じく中国政府系ファンドの「シルクロード基金」、同じく「中国投資」などである。

この株式売却によって、アームチャイナの経営権は事実上、中国政府が持つことになったが、実に不思議な事態である。アームホールディングスの売上の少なくとも20%は、中国市場による。アームホールディングスにとって非常に重要な市場である中国に設立した会社の経営権を中国側が持っている、というのは企業戦略上、きわめて不利なことだ。

2016年にソフトバンクグループがアームホールディングスを買収した時点で、筆者は、孫正義氏はアームホールディングスそのものを中国政府系ファンドに売却する計画を立てているのではないか、と推理した。半導体技術をノドから手が出るほど欲しがっている中国に対し、3兆円で買ったものを10兆円で売る巨大なビジネスである。しかし、その筋書きに狂いが生じる。

ソフトバンクグループがアームホールディングスを買収したのはドナルド・トランプ氏が当選を決める前のことだった。大統領選終了後、すぐに孫正義氏は米国に飛び、201

6年12月6日にトランプ氏と会談している。孫正義氏は500億ドルを投資して5万人の雇用を生み出すとトランプ氏に確約したと報道されたが、会談の目的にはもうひとつ、中国へのアームホールディングス売却の容認要請があったのではないかと推理している。

トランプ氏が大統領に就任し、強硬な対中政策を中心とした「2019年度国防権限法」のプランが見えてくる中、アームホールディングスの中国への売却は対米関係上、不可能になった。ソフトバンクグループの投資事業の勝利の方程式は、投資したベンチャー企業が米国で上場することによってキャピタルゲイン（株式や債券など、保有している資産を売却することによって得られる売買差益のこと）を得る、というスタイルをとっていたが、そこに狂いが生じたのだ。

ソフトバンクグループは中国から「約束が違う。落とし前をつけろ」と抗議された可能性がある。裏で「アームチャイナの経営権をわたすから勘弁しろ」という話があったとしてもおかしくはない。

ソフトバンクグループは2017年6月5日付のプレスリリースでアームチャイナの経営権を中国に譲渡した、つまり合弁会社化した理由を「中国企業に対してアームの半導体テクノロジーのライセンスを行い、中国に根差して開発していくことにより、中国市場におけるアームの事業機会はさらに拡大するものと見込まれる」とし、2017年に中国で設計された最新の半導体チップの約95％がアームの技術を採用していた、と推定している。しかし、雲行きは怪しくなる。ソフトバンクグループにとっての誤算は、トランプ政権下での米中対立の激化だった。

西側諸国の財産であるアーム、およびその半導体技術を中国に売るなどの行為が表立ってできることではなくなった。先端半導体の輸出規制がますます厳しくなり、技術移転が厳しく制限され、中国ベンチャー企業への投資が米国で上場してキャピタルゲインを得る、という方程式を描けるものではなくなった。

株式市場への上場そのものも、２０２０年に成立した「外国企業説明責任法」で厳しい条件が加えられた。上場している外国企業に対しては、米国公開会社会計監視委員会（ＰＣＡＯＢ）が検査を行うのだが、当初は3年間連続で検査を拒否すれば上場廃止だったところ、バイデン政権下では2年に短縮された。

そうした情報開示の要請に真っ向から対立しているのが、２０２３年7月に中国で施行された「改正反スパイ法」である。

この法律がさらに中国企業、特にベンチャー企業の米国での上場を難しくしている。国家安全局が強力な権限を持つようになり、日本で言えば帝国データバンクや東京商工リサーチといった事業情報や会計情報を調べる会社が同法によって取り締まりの対象になった。

企業の実態を調べること自体が違法行為となり得る。企業の成長の可能性以前に、情報の不透明さが上場の邪魔をすることになるのだ。

２０２３年８月には、バイデン米大統領が半導体分野、量子コンピュータ分野、人工知能分野における一部の中国企業への米国の投資を規制する大統領令に署名した。ベンチャーキャピタルによるハイテク関連中国企業への投資の実質的な禁止である。米中対立の先鋭化が、ソフトバンクグループの勝利の方程式を狂わせたように見える。

ソフトバンクグループは脱中国をすべきだ

２０２３年８月、バイデン大統領は、米国のベンチャーキャピタルが半導体や量子コンピューティング、人工知能分野の中国ベンチャー企業への投資を制限・規制する大統領令に署名した。この大統領令は、米中対立が輸出管理から金融分野に拡大していることを示している。大統領令の対象は米国の投資家であるが、米国が足並みを揃えるように同盟国に依頼することも想定できる。中国の半導体企業への投資は厳しい目に晒されることになるだろう。

ソフトバンクグループの傘下に、ソフトバンク・ビジョン・ファンドという投資ファンドがある。中国リスクの低減を図る姿勢を打ち出した２０２１年７月時点でさえ株式時価の投資先地域別割合が米国34％、中国以外のアジア25％、中国23％、欧州13％と、中国の割合が高かったソフトバンク・ビジョン・ファンドは、２０２４年２月８日に発表された２０２４年３月期第３四半期決算で、直近の３四半期を世界的な株高で連続黒字としたものの、累計の投資損失は29億７５００万ドル（約４４６２億円）となっている。２０２３年３月期の決算では、ソフトバンク・ビジョン・ファンドは１年間で約５兆３０００億円の投資損失を計上した。

これはつまり、米国の規制の影響を無視できないということだ。事業計画は達成できなくなり、米国における中国企業の上場、つまりキャピタルゲインが難しくなる。保有している未上場の株の価値は、当然、下がらざるを得ない。

ソフトバンクグループは、中国の電子商取引最大手アリババグループのＶＩＥ株（アリババＶＩＥ株）を売却していくことで得られた約４兆６０００億円の利益で、約５兆３０００億円の投資損失の埋め合わせをした。

ＶＩＥ[※16]は「持分変動事業体」と訳され、ＶＩＥモデルにより連結の対象となる事業体のことを指す。アリババＶＩＥ株は２０２０年10月時点で総額１２０兆円であり、ソフトバンクグループはその筆頭株主として３割ほど、約36兆円分を持っていた。それを手放し、

※16：Variable Interest Entities

２０２３年にはほぼすべてを売却した。

経済ニュースなどはアリババＶＩＥ株をすべて売却しても、アームホールディングスが上場するからソフトバンクグループは問題ない、という記事を書く。２０２３年9月によ うやく、アームホールディングスは米国ナスダック市場に上場したが、２０２４年2月14日の株式の時価総額は約18兆５０００億円あたりを推移している。ソフトバンクグループはアームホールディングスの上場時に10％の株式を売り出したので、現在は90％の株式を保有しており、その価値は約16兆６５００億円となる。

ソフトバンクグループの連結有利子負債とリース負債の合計額は、２０２３年12月末時点で約21兆円である。同社が保有するアリババＶＩＥ株の時価が約36兆円なら、負債約21兆円でもまったく問題はない。

ソフトバンクグループは投資事業の失敗で生じた赤字を埋めるため、保有していたアリババＶＩＥ株をほぼすべて売却して益出しをし、赤字幅を圧縮した。

アリババＶＩＥ株の大株主でなくなったソフトバンクグループには、アリババに代わる投資先が必要になった。その代わりがアームホールディングス（前出のとおり保有株の時価総額は約16兆６５００億円）なのだ。しかし、アームホールディングス株の保有時価総額はアリババＶＩＥ株の約半分であり、その代わりにはならないことは数字を見れば明らかである。

さらに、アームホールディングス関連では中国国内の事情でさまざまな問題を残している。アームホールディングスの上場がなかなか実現せずにいたのは、株式の51%を中国投資家に売って経営権を譲りわたしてしまったアームチャイナの経営上の混乱が原因だった。

2020年、アームチャイナの取締役会で、利益相反をもって最高経営責任者のアレン・ウー（呉雄昂）氏の解任が決議された。ところがウー氏はアームチャイナの代表印を握りしめたまま離さない、という手段に出る。代表印がなければ何も手続きが進まないのが中国の法人慣習なのだが、親会社のアームホールディングスの上場監査上の懸念事項とされたまま、なんとその2年が過ぎてしまったのだ。2022年4月に中国当局が新規の代表印を認め、登記手続きが済んで監査が進み、翌年のナスダック上場となった。

また、2022年3月、アームホールディングスはアームチャイナの株をすべてソフトバンク・ビジョン・ファンドに譲渡した。2024年度3月期第3四半期の決算短信には、アームチャイナの株式49%はソフトバンク・ビジョン・ファンドの傘下ファンド、アセトン・リミテッドが取得することで合意していると書かれているが、そこにもまた未解決の問題が残っている。

アームホールディングスがソフトバンク・ビジョン・ファンドに株式譲渡した際の登記

手続きを、2024年現在も中国当局が止めたままでいるというのだ。英『フィナンシャル・タイムズ』が2023年3月、中国当局者の話として報じたところによると、中国の半導体産業にとって不可欠なアームホールディングスを失いたくないという政治的判断によって、中国当局の記録上では、アームチャイナの株式はいまだアームホールディングスが半数近く保有していることになっているという。決算短信には、この問題が解決したのかどうかは書かれていない。

アームホールディングスはかろうじてナスダック上場を果たしたが、アームチャイナがもたらした混乱はいまだに収まっていない。ソフトバンクグループは、アームホールディングスは、これらの問題を抱えているということを投資家にしっかりと説明する必要があるのではないか。

現在もアームホールディングスから最先端半導体の設計技術情報がアームチャイナに提供されている。これは中国の半導体技術力の強化にほかならず、非常に危険な状況だ。

ソフトバンクグループがアームチャイナの株式51％を中国人投資家に売却した当時の同社の目的は、中国国内の半導体企業向けに特化したＩＰ[※17]製品、つまり設計情報といった知的財産商品を開発することだった。国内専門にアームホールディングスのアーキテクチャ（基本設計）の使用範囲を拡大することに尽力した結果、アームチャイナ自身の技術力も伸

※17：Intellectual Property

び、ライセンス商社のような役割であったものが開発機能まで持つようになり、独自の道を勝手に歩み出すようになっていた。

アームチャイナは今や独自のＩＰを持っている。中国の半導体事業コンサルティング会社「JW Insights Consulting」のレポートによれば、「アームチャイナは異機種接続を戦略的に選択して実現するコンピューティングに重点を置き、人工知能、ＣＰＵ、情報セキュリティ、マルチメディア用を戦略的に選択してプロセッサ製品ラインを立ち上げ、量産を実現している」という。単にアームホールディングスの技術を引き継ぐだけでなく、独自機能を付加して事業を展開するに至っているのだ。

２０２２年には「エコシステムパートナープログラム」というコンソーシアム（複数の企業が「共同企業体」を組成して、ひとつのサービスを共同で行う取引）を立ち上げ、60社を超える半導体企業のほかにＩｏＴ化やスマート化事業、消費者向けデバイス事業などの主要会社の共同企業体をも組織化した。

こうしたアームチャイナの動きをアームホールディングスは見逃し、親会社であるソフトバンクグループも黙認してきた。ただし、２０２４年現在のアームチャイナは、ソフトバンク・ビジョン・ファンド傘下のアセトン・リミテッドとの合弁会社であるから、もはやアームホールディングスの技術供与義務といった軛（くびき）はない。

経済安全保障の観点から言えば、これを機に、アームチャイナとアームホールディングスとの技術ライセンス契約を打ち切ることが正解である。というのも、中国が先端半導体をつくることは、先端半導体を搭載する兵器を配備でき、東アジアの平和と安定を脅かすことになるからだ。

ただし、中国における売上が全体の25％ほどを占めるアームホールディングスにとって、技術ライセンス契約の打ち切りは当然、経営上の大きな問題になる。しかし、そもそも中国はアームホールディングスの技術を奪い取るために今はいい顔をしているだけの話だ。中国側の技術が追いつけば、アームホールディングスもまたお払い箱となるだろう。

ここは英政府と日本がしっかりと指導方針および対策を固め、中国に対するアームホールディングスの技術供給を打ち切る方向、つまり脱中国の一択で動くべきだろう。親会社のソフトバンクグループは特に、直接的間接的を問わず中国の半導体技術が発展するように自分たちが動いていないかどうか、真剣に考えるべきではないか。

対中国の半導体輸出規制がますます厳しくなった

2023年10月6日、米国商務省安全保障局（BIS）は、軍需防衛産業向けにロシアに対して半導体集積回路を輸出したことなどを理由に、49の外国事業体の52拠点をエンティティリストに追加した（**巻末参考資料1**）。

追加された52拠点の内訳を見ると、中国42拠点、エストニア1拠点、フィンランド1拠点、ドイツ1拠点、インド3拠点、トルコ2拠点、アラブ首長国連邦（UAE）1拠点、英国1拠点となっている。特に中東に対する規制強化に注目するべきだろう。従来は規制対象外に近かった中東圏で半導体が買い漁られ、中国へと迂回輸出されるという事態が多発している。そういう意味でも抜け穴を塞ぐ（ふさ）ための規制なのだ。

翌日7日、同局は中国を念頭においた半導体関連製品の輸出管理規制を強化する暫定最終規制を公表した。「先端集積回路、スーパーコンピュータおよび半導体製造装置が、大量破壊兵器の開発を含む軍の現代化および人権侵害に寄与する影響を検証した結果である」として公表された規制は次の9項目である（日本貿易振興機構〈JETRO〉ウェブサイトより）。

・規制品目リスト（CCL）に、特定の先端半導体やそれらを含むコンピュータ関連の汎用品を追加する（CCL＝米国政府が、軍事転用リスクがあると指定した製品を掲載するリスト。製品ごとにECCNと呼ばれる輸出規制分類番号が振られる）。

・スーパーコンピュータへの使用または中国での半導体開発もしくは生産を目的とした、特定のＣＣＬ掲載製品に対する新たな最終用途規制を導入する。

・先端コンピューティングとスーパーコンピュータに関する２つの新たな外国直接製品ルール（ＦＤＰ）を導入する（ＦＤＰ＝米国外で生産された製品であっても、米国製の技術・ソフトウェアを用いている場合、輸出などについて事前の許可申請を求めるルール）。

・エンティティリストに掲載されている在中国の事業体28社に対するＦＤＰを拡大する。

・ＣＣＬにおける新たな輸出管理分類番号（ＥＣＣＮ）３Ｂ０９０の下に、特定の先端半導体製造装置を追加する（３Ｂ０９０として新設された対象品目は、大規模集積回路をつくるためにシリコンウエハーの土台を整える「半導体成膜装置」）。

・取扱製品が、ＥＡＲ７４４・23条の条件を満たす半導体を製造する中国内の施設で、半導体の開発または生産に使用されることを輸出者らが認識していた場合、全てのＥＡＲ対象製品に関し許可申請を求める新たな最終用途規制を導入する。施設が中国の事業体によって所有されている場合、申請しても「原則不許可」とし、多国籍企業によって所有されている場合、「事案ごと」の審査とする（ＥＡＲ[※18]＝米国輸出管理規則のための法律。ＥＡＲ７４４・23条の条件を満たす半導体とは、回路線幅16ナノメートルまたは14ナノメートル以下のロジック半導体、18ナノメートルハーフピッチ以下のＤＲＡＭメモリー、１２８層以上のＮＡＮＤ

※18：Export Administration Regulations

フラッシュメモリーを指す)。

・米国人による特定の行動がEAR744・6条の条件を満たす半導体の開発または生産の支援につながる場合、許可申請が必要となる旨を公に周知する(EAR744・6条には「米国人の特定の行為に対する制限事項」が仔細に列挙されている)。

・半導体製造装置および関連製品の開発または生産のための製品輸出について許可申請を求める最終用途規制を導入する。

・中国外での使用を目的とした特定かつ限定された活動について、サプライチェーンへの短期的な影響を最小化するため、暫定包括許可(TGL)[※19]を導入する(TGL=BISが指定した条件に合致する場合は許可申請なく輸出などを継続してよいとする例外的措置)。

この9項目は、簡単に整理すれば、「中国に対する先端半導体の輸出を次々と規制強化している」ということである。

さらに同年10月17日、米国商務省安全保障局は2022年10月に施行を開始した中国向け半導体関連の輸出管理規制を一部改定して強化した。次のような強化内容となっている。

《半導体製造装置関連の暫定最終規則

※19:Temporary General License

輸出管理対象の半導体製造装置の種類を増やす。

米国人による中国内の先端半導体施設向けサービスに対する規制内容を精微化する。

輸出管理規則のグループで「D：5」に指定されている国にも半導体製造装置の輸出にあたって許可申請を要請する（D：5＝武器禁輸国群。イラン、シリア、スーダン、キューバ、中国、ミャンマー、ロシア、ベネズエラ、カンボジアなどの23カ国）。

（2）特定の先端コンピューティング製品関連の暫定最終規則

先端半導体のパラメータの調整
世界各地の中国企業の子会社や事務所が先端半導体を買い、中国に輸出するなど迂回リスクへ対処した追加措置》

米国は半導体製造装置についても規制を強化した、ということである。「パラメータ」とは、一連の処理を指定するために与える情報のことだが、簡単に言えば、半導体それぞれの特質のことだと考えてよい。「先端半導体のパラメータの調整」とは、輸出許可申請の条件を厳しくして、あらゆる側面から中国に先端半導体をつくらせないように規制を強化した、ということだ。

さらに米商務省安全保障局は2023年10月17日、スーパーコンピュータ先進化の要（かなめ）であるGPUの中国における先進化にストップをかけるため、AI半導体開発を手掛ける中国のスタートアップ企業および、その関連会社14社をエンティティリストに追加した（**巻末参考資料2**）。ちなみに、既存のビジネスモデルをベースとするベンチャー企業に対して、イノベーションをベースに新規のビジネスモデルを追求する企業を一般的にスタートアップ企業と呼ぶ。

リストの追加によって、2023年末時点で中国に対してGPUの先進化の足止めを食わせる用意が整ったことになる。人工知能の高度化を前提とする智能化戦争の要であるスーパーコンピュータの開発にもストップがかけられつつある状況となった、ということだ。問題は、今後、中国がどのような手段に出てくるかだ。

中国は米国の半導体産業を混乱させるための手を打っている

中国は先端技術の移転を阻止しようとする米国の動きに対し、さまざまな方法で対応している。重要なことは、中国も米国の半導体産業を混乱させる措置を講じており、西側の技術制限によって、さらに迫られた場合に何ができるかを示唆（しさ）していることである。以下、中国の方法を項目ごとに見ていこう。

①方向転換

中国政府は先端半導体技術の研究開発に資金を注ぎ、中国経済全体や電気自動車などの成長分野で使われる微細化半導体に方向転換する中国企業を支援しているという。伝えられるところによると、中国政府は2022年に上場半導体企業190社に18億ドルの補助金、追加融資を行い、非上場企業へのM&Aを支援したという。

②国家支援

中国政府は2014年9月に設立された国家集積回路産業投資基金など、中国政府系の半導体投資ファンドなどを通じ、半導体産業に多額の資金を提供している。中国の半導体メーカー、YMTCへの投資は総額71億ドルに達したと伝えられている。

2023年1月、国家集積回路産業投資基金などは中国の半導体メーカー、華虹半導体がレガシー半導体を製造するため、江蘇(こうそ)省無錫(むしゃく)市に12インチのウエハー工場を建設する資金として約20億ドルを投資すると発表。同年10月、国家集積回路産業投資基金は20億ドルの投資を行い、メモリーメーカー「CXMT」の株式の3分の1を買収した。また、中国の省および地方政府も半導体事業を行う企業や地方大学に補助金を支給している。

③輸出規制回避

中国企業は、オフショア租税回避地（タックスヘイブン）などにペーパーカンパニーを設立するなど、西側の輸出規制を回避することに熟練している。また、輸出規制対象の半導体をプリント基板に実装するなどの方法で、輸出禁止の電子部品を密輸することもある。すべての通関品を開梱して全数検査をするには、多大な労力が必要な点を突く手口だ。精密部品を廃棄部品と虚偽申告して通関する手口もある。これらの密輸品は中国到着後、再梱包される。中国企業も多数のダミー会社を設立する。ある中国企業の幹部は「前4半期はこの名前ですが、次の4半期は別の名前に変わります」と嘯（うそぶ）く。

2023年1月時点で、人民解放軍とその関連機関はエヌビディアの最先端GPU、H100を中国国内の供給元から少量ずつを購入しており、先端半導体が人民解放軍などの手にわたっていることを示唆している。

④先端半導体の備蓄

日本とオランダの輸出規制が完全に施行されるまでの期間を利用し、中国の半導体製造業は両国の半導体製造装置を爆買いしている。米国の規制免除を悪用し、中国企業が米国の半導体ツールを入手することもできる。

⑤技術インフラの構築

第5章で詳述するが、清華大学は周囲100～150メートルの粒子加速器を建設することで、リソグラフィー（半導体を微細化する）装置に対する西側の規制を回避する計画を発表した。加速器の電子ビームは半導体製造用の高品質光源として期待されており、粒子加速器の周囲に複数のリソグラフィー装置を並べた「巨大な」工場を建設する計画だ。このプロジェクトにより、最終的には中国が2ナノメートルの半導体を大量に製造できるようになると期待されている。

2023年10月、清華大学の科学者らは、人工知能や自動運転に応用が期待できる世界初の完全にシステム統合されたメモリスタ半導体の開発を発表した。2023年9月、中国の軍産複合体企業である中国電子科技集団は、「米国の制裁対象となっている半導体技術を利用して記録的な出力を持つ窒化(ちっか)ガリウムレーダー半導体を開発したと発表した。

⑥重要原材料の輸出制限

2023年7月、中国は半導体製造の主要材料である希土(きど)類金属のガリウムとゲルマニウム、およびこれらの金属からつくられるいくつかの化合物の輸出を許可要件とした。

⑦中国製半導体使用の推進

中国政府は中国国内で半導体を使う企業が、米国の半導体と半導体設計を除外するよう誘導する取り組みを長年にわたり続けている。

⑧独占禁止法の濫用

中国は独占禁止法を濫用し、規制当局の承認を留保することで、米国の半導体のM&Aを妨害する。2023年8月、インテルとイスラエルのタワーセミコンダクターは中国の規制当局からの承認が得られなかったため、インテルがタワーセミコンダクターを買収するという54億ドルの契約破棄に追い込まれた。

中国の半導体企業は強力な競争相手となる

中国は半導体強国を実現するため、先進技術を持つ外国企業を引き込み、自国の技術開発を補完しようとしている。

２０１４年から始まった半導体企業のＭ＆Ａ、西側技術の購入、西側の半導体人材の採用は、外国の技術を手に入れるために行われた。

中国政府は中国独力で独自の研究、そして技術開発するよりも、半導体技術を持つ既存の企業をＭ＆Ａをした方が手っ取り早いと考えたのだ。２０１６年、ＳＭＩＣはイタリアの同業他社Ｌファンドリーの株式の70％を約５５００万米ドルで買収し、ほかにも大規模な設備投資を進めた。中国政府がファンドを通じて支援を行い、同社を中国最大のファウンドリ（生産に特化）企業へと押し上げた。

ところが、米国でトランプ政権が誕生し、中国共産党の狙いは見抜かれてしまったことで、２０１９年度国防権限法などにより、対米外国投資委員会の権限が強化され、これらの方法を選択できなくなった。

しかし、数年の潜伏期間を経て、２０２３年、中国政府は新たに３０００億元（約6兆円）の基金を立ち上げ、半導体産業に投資することを始めた。

西側の輸出規制は中国の上場企業の反発を招き、技術革新能力を強化するために研究開発への投資を増やすよう促している。その中でも広州市は中国企業が外国製半導体を排除し、中国産半導体を優先採用できるようにするため、２０２３年に２１０億ドル以上を投入した。

また、中国国務院の「新時代の集積回路とソフトウェア産業の高品質な発展を促進する政策」に基づき、回路線幅28ナノメートル以下の半導体を製造する企業は10年間の免税を受ける資格がある。

しかも、西側諸国と中国の半導体製造業者の根本的な違いは、西側諸国の上場半導体製造企業は投資家から四半期ベースで利益を生み出すことを求められる。一方、中国の半導体製造企業は政府から継続的に多大な支援を受けているため、同様の制約を受けない。損失を無視して競争できる企業は強力な競争相手である。

米国の対中戦略が見落としている「レガシー半導体」

先述したように２０２３年10月、米国が強化した対中輸出規制は先端半導体ならびに先端半導体製造装置のシャットアウトに加え、製品ならびに技術の中国への迂回流入、つまり抜け穴を塞ぐことを目的としている。そこまで強化する理由はどこにあるのか。それは中国が想定する智能化戦争の基本である人工知能の高度化を実現するスーパーコンピュータの開発ならびに保持を阻止するためだ。

この規制強化は当然、来るべき量子コンピュータの開発阻止をも見込んだものである。

「量子ビット」と呼ばれる情報最小単位を使い、スーパーコンピュータの約1億倍の計算スピードを実現するとされている量子コンピュータは、２０３０年頃の実用化が見込まれている。

コンピュータの世界は物理学の理論が核兵器を生んだのと同じような歴史をたどりながら大きく変化を遂げようとしている。もっと言えば、核兵器の所有がそうであるように、今後は、量子コンピュータの保有こそが、その国を世界覇権に一歩も二歩も近づけることになるだろう。

量子コンピュータは、従来のコンピュータシステムがすでに「古典コンピュータ」と呼ばれていることからもわかる通り、量子コンピュータによって、全てなくなることはないまでも、従来コンピュータの今までの技術はほぼ置き換えられてしまう。とはいえ、量子コンピュータもまた半導体を絶対に必要とするということだけは変わらない。世界が中国を警戒するのは、ハイエンドに位置する最先端半導体の流入阻止にあると言っても過言ではない。

しかし同時に、決して見落としてはならない種類の半導体がある。それは「レガシー半導体」と呼ばれる、いわゆる普通の一般的な半導体だ。

レガシー半導体は経済的重要性と国家安全保障の両方の点で、少なくとも先端半導体と同じくらい重要である。

「レガシー（ｌｅｇａｃｙ）」は英語で「遺産」といった意味を持っており、「時代遅れ」というイメージでとらえられがちだ。しかし、それは違う。「レガシー半導体」は、主に自動車やエネルギー開発、インフラ関連などの産業機器分野で使用される半導体のことであり、成熟した技術で安定的に製造される半導体ととらえる方が正確である。

対中戦略においてレガシー半導体を軽視してはならない理由は、すでに何度か触れている「中国製造２０４９」という中国の産業政策にある。その政策の中で中国は、２０４９年までに米国に替わって世界最強となるべき産業分野のひとつとして、「省エネ・新エネルギー自動車」を掲げている。

読売新聞オンラインは、２０２３年9月16日付の《中国ＥＶ「国産化」、米国と対立で危機感……技術覇権確立狙う》という見出しの記事で、《中国が、世界で急速に市場が拡大している電気自動車（ＥＶ）の分野で、サプライチェーン（供給網）を国内で完結させる動きを強めている。米国との対立が長期化する中、技術覇権を先行して確立する思惑がある》とし、《業界関係者は、レガシー半導体の製造で世界市場の制覇に動く中国戦略について、「大量生産するようになれば、各国が依存する状況が生まれる。中国のエコノミック・ステートクラフトに使われる可能性も出てくる」と指摘する》と報じている。

さらに読売新聞は翌日9月17日付で《中国政府、ＥＶメーカーに「国産部品」使用指示……半導体など日米欧製品排除か》という見出しの記事を掲載し、《中国政府が、中国の電気自動車（ＥＶ）メーカーに対し半導体などの電子部品について、中国企業の国産品を使うように内部で指示していることがわかった。世界的に急成長するＥＶの分野でサプライチェーン（供給網）を国内で完結させる狙いとみられ、今後、日米欧の部品メーカーは排除される可能性が高い。中国政府は自ら掲げる「高水準の開放」とは逆行し、成長分野での外資排除の動きを強めている》とし、《関係者は「中国企業がＥＶの部品製造で過当競争を仕掛ければ、日米欧のメーカーが国際競争力を失っていく。燃料電池車（ＦＣＶ）などでも中国の製品が世界市場を席巻することになる」と警鐘を鳴らしている》と報じた。

つまり、米国から人工知能、スーパーコンピュータ、量子コンピュータの基盤となる最先端半導体の技術と製品について規制を受けている中国は、その逆手を取るかたちで、規制対象外のレガシー半導体、つまり電気自動車や家電の製造において基盤となる非先端の半導体の製造能力増強および世界シェアを奪取するための法整備に国を挙げて動いている、ということだ。

レガシー半導体の製造装置と材料については現時点では米国の規制外にあるので、中国は買い求めることができる。レガシー半導体を中国国内で大量生産することができれば、産業補助金をつけることで、中国は家電製品や電気自動車をダンピング輸出することができる。

ダンピング輸出の目的は、価格攻勢によって半導体会社をはじめとする西側の関連企業を潰すことにある。

中国の半導体メーカーはすでに世界の半導体消費の大部分を占めるレガシー半導体の効率的な生産に優れており、西側の技術へのさらなるアクセスを行い、半導体の耐久性を高め、消費電力やコストを削減するため、レガシー半導体を技術革新することが予想される。

2022年の米国の半導体規制の発表以来、中国はレガシー半導体製造への投資を劇的に増加した。今後数年間で、中国は世界のほかの国々を合わせた数よりも多くのレガシー半導体製造工場を建設する可能性もある。

そして、それは半導体供給に関して世界が中国に依存する構造が生まれることを意味する。言うことを聞かないのなら半導体を売らないよ、ということだ。また、レガシー半導体の増産は、先述した旧タイプの半導体を必要とするロシアの現行兵器の運用へのバックアップともなり得る。

さらに中国は、レガシー半導体の生産によるノウハウを積むことで、次の段階として最先端半導体の開発と製造に手を出してくるだろう。

つまり、今後とは言わず今すぐの段階から、中国に対してレガシー半導体の規制をかけなければいけない。そうしなければ、経済安全保障推進法に明記された重要物資である半導体の安定供給の確保が危うくなり、バックドアが組み込まれたシステム、マルウェアが仕込まれた半導体の危険に直面することになる。

中国政府の《中国の電気自動車（ＥＶ）メーカーに対し半導体などの電子部品について、中国企業の国産品を使うように内部で指示している》という行為は、ほぼ間違いなく、同指示の法令化に向かうだろう。すべて中国製に切り替わっていく、ということは、読売新聞の報道にある通り、《日米欧の部品メーカーは排除される》ということであり、技術をすべて吸い上げられたあとでお払い箱となる、ということである。

数量的に巨大なマーケットがあるとはいえ、中国共産党一党独裁国家の中国は、米欧日の自由主義・民主主義諸国とは産業構造も立法構造も統治構造も異なる。すべて奪い取られる前に、脱中国を実行する必要があるのだ。

ボディーブローのように効果が表れ始めた対中規制強化

米国の対中輸出規制で歯止めがかけられたものの、レガシー半導体をはじめ国を挙げて推進している中国の半導体産業はなんとか命脈を保っているように見える。

しかし、米国の対中規制はボディーブローのように一定の効果を上げていることも確かなのだ。米国がファーウェイをはじめとする中国の半導体企業群に制裁を発動し始めたのは2019年から2020年、トランプ政権下においてである。中国の半導体企業の数は、それを機に減少の一途をたどることになる。

2022年から2023年には、新型コロナ禍によるいわゆる「巣ごもり需要」が失われたことから供給過多による価格下落が起こり、半導体市場は急激に冷え込む。台湾のデジタル業界専門メディア『DIGITIMES』によれば、2022年までに中国では2万2000社以上の半導体企業が倒産した。2023年にはそうした苦境を反映し、半導体設計、半導体製造、ウエハー製造装置部門などの半導体関連企業1万9000社が廃業ないし倒産している。世界の半導体需要が回復しても、中国の半導体生産は伸び悩む可能性がある。

2023年6月末時点で、2兆3882億元の負債を抱え、債務超過に転落している中国の不動産大手、恒大グループの経営危機を見るまでもなく、不動産価格の下落による中国の全体的な不況は、半導体業界にも当然、影響を及ぼした。世界的にパソコンやスマートフォンなどハイテク製品の需要が停滞し、半導体業界では在庫の問題を抱えている。巣ごもり需要を引き続き期待して見込み生産した製品は売れ残り在庫となり、過剰在庫は評価減せねばならず、原価を下回る価格しかつけられないから当然、損益となって経営状態は悪化する。

２０２２年には、米国で地政学的リスクや半導体不足によるサプライチェーン寸断に備えるための法律「ＣＨＩＰＳ法」が成立し、今後5年間で米国に半導体製造設備を投資する半導体企業に対して、大規模な補助金が支給されるようになる。米国で補助金を受けた半導体企業は、ガードレール条項（ＣＨＩＰＳ法に明記された『「半導体製造能力」の「実質的な拡張」を伴う「重要な取引」』を具体的に定義するもの）に従い、10年間にわたり中国での生産増強のための投資が制限され、在中外資半導体企業に対して生産能力の拡大を強く制約する効果が生じる。

さらに、同年10月の対中半導体関連輸出規制は、中国での半導体生産拡大を目的とした装置の確保を困難にする。先端半導体を使用する製品の製造が難しくなり、改正反スパイ法など独裁者に奉仕する法律が次々と施行された中国の「世界の工場」としての魅力は大きく低下するだろう。

現在の中国には資金調達不足という問題もある。中国政府は確かに半導体産業に対して比較的潤沢な補助金の制度を設けている。しかし、その対象はすでに何度か触れたＳＭＩ

Cや半導体メモリー大手の長江メモリといった大会社がメインであり、中小規模の企業には回らない。

しかも米国では2023年8月、バイデン米大統領が中国の半導体分野、量子コンピュータ分野、人工知能分野の企業への投資を規制する大統領令に署名し、今後ますますベンチャーキャピタルによるハイテク関連中国企業への投資が難しくなる。

つまり、中国の産業界は需要減少・過剰在庫期・資金調達難という悪条件によって、新興企業を中心とする中小規模の企業ではなく、中国政府肝いりの大企業が中心となりつつあるのだ。しかし、SMICの2023年第3四半期決算(7~9月)によると、売上高は前年同期比15%減の16億2100万ドル(約2449億円)、純利益は同80%減の9400万ドル(約142億円)となった。これは、半導体の利益率が下がっている状況にあるのではないか。

中国製造2025では、2030年までに半導体自給率を75%に引き上げる計画になっている一方で、中国の半導体ファンドは投資先企業の事業失敗や汚職容疑による関係者逮捕が起きている。さらに中国の半導体業界は、①人材不足、②技術不足、③高製造コストなどの問題も抱えている。現状では目標達成は不可能だろう。

米国の規制によって半導体生産を巡る今後の状況はさらに厳しくなることが予測されて

おり、先述したように、中国は今後、米国の輸出管理規制の影響を受けない先端半導体ではない半導体（レガシー半導体）の量産体制を整え始めている。しかし、米国議会には、中国のレガシー半導体まで半導体規制の範囲を拡大する動きも出ている。

中国は人材引き抜きと規制逃れの大国

ＳＭＩＣを始めとする中国の半導体企業は合法非合法を問わず、あらゆる手段を使って西側諸国から技術を盗み出し、半導体を量産しようとしている。

こうした中国企業に対しては、特に人材の引き抜きや買収を警戒する必要がある。技術者は人間だ。業績の悪化などを理由に簡単にリストラを行えば、中国企業が高給の転職を用意するなど手ぐすねを引いている。

中国への転職者は否応なく産業スパイ化する。中には、米国の監視対象になる者も出るだろう。技術者の処遇については国レベルにおいても今後さらに対策をとる必要があるし、業務上の守秘義務に関する法制も見直さなければならない部分があるだろう。米国においてさえ、こうした部分の強化はまだ甘いようだ。

２０２３年12月13日、英国通信社『ロイター』は《中国の半導体受託生産最大手、ＳＭ

ＩＣが出資する中国の半導体設計企業が、米国による輸出制限措置をかいくぐって米国製ソフトウェアを購入し、米国から資金も調達していることが、ロイターの調査で分かった》と報じた。

《ＳＭＩＣが出資する中国の半導体設計企業》とは、「ブライト・セミコンダクター」というファブレス企業、つまり、生産設備を持たない１００％製造委託のメーカーである。ブライト・セミコンダクターは２０２３年12月に上海証券取引所に上場したばかりの、いわば無名の会社だ。ＳＭＩＣは無名の企業を規制の抜け穴として使っていた。

無名だからこそ目立つことなく、ブライト・セミコンダクターはシノプシスとケイデンス・デザインの2社からソフトウェアを買い続けることができ、エンティティリストに掲載されているＳＭＩＣに流出させることができていた。シノプシスとケイデンス・デザインは、米国が今、最も重要視している半導体設計ソフトの世界的なリーディングカンパニーである。ただし、ソフトウェアの購入は脱法行為ではあっても違法行為ではないから、現時点では明確に取り締まることができない。

さらにこの件には、米国の「ドラゴンスレイヤー」の怒りを大きく買う要素があった（ドラゴンスレイヤーとは、米国における反中派の政治家のことである。対して親中派の政治家は「パンダハガー」と呼ばれる）。

それは、ブライト・セミコンダクターが米国からの投資を受けていたのだ。大手銀行ウェルズ・ファーゴ、ベンチャーキャピタルのノースウエスト・ベンチャー・パートナーズ、カルフォルニア州にあるバイオラ大学がブライト・セミコンダクターに出資していた。

ブライト・セミコンダクターに対する米国最大の株主であるノースウエスト・ベンチャー・パートナーズは、保有株式の99・7％をウェルズ・ファーゴから調達した。バイオラ大学は同社の株式を5・43％所有している。

ブライト・セミコンダクターに対する投資は明白な規制違反ではないものの、同社はロイターの調査によって、少なくとも6つの中国軍事関連企業に半導体の設計サービスを提供し、人民解放軍の戦略支援軍向け人工衛星のナビゲーションシステムの設計まで担当している企業であることがわかっている。

つまり、米軍の敵である人民解放軍の衛星ナビゲーションシステムを米国の技術を使ってつくる行為に米国の資本が投入されているということなのだ。ドラゴンスレイヤーたちの怒りはもっともだろう。

中国およびＳＭＩＣは、無名の小規模企業を使って半導体規制を潜り抜けることで技術を奪っている。そしてまた、西側諸国の自由主義経済の仕組みを利用して、そうした企業の運営資金の調達までも行っている。規制の強化とともに十分な警戒が必要だ。

規制逃れに利用されるマレーシア

規制を逃れるための抜け穴は、中国の近隣諸国を利用することでも行われている。マレーシアは半導体産業のハブ、つまり半導体製造ネットワークの中核をなす地域としてすでに半世紀の歴史を持つ。１９７２年、マレーシア政府による自由貿易区の設置とともに米インテルが従業員１０００人規模の半導体組立工場をペナン州に建設したのをきっかけとする。

２０２３年5月、東南アジア最大規模の半導体産業展示会「セミコン東南アジア」が開催されたのもマレーシアのペナン州においてである。１９９４年から始まった同展示会の開催地は２０１４年にシンガポールからマレーシアに移され、マレーシアでの開催は２０２３年で28回目となる。

先述した通り、半導体の製造工程は「前工程」と「後工程」に分かれるが、マレーシアは「後工程」が盛んな国であり、同分野では世界シェア13％を誇る。２０３０年までには15％に高まることが予想されている。

マレーシアは２０２２年5月、米国との間で「半導体サプライチェーンの強靭（きょうじん）化に関する覚書」を締結した。したがって当然マレーシアは米国のエンティティリストには掲載されておらず、米国の規制の対象外にある。

そして、ここに眼をつけたのが中国だ。中国が今、マレーシアで行おうとしているのは、人工知能に必要なスーパーコンピュータの高性能化を実現するGPUの組み立てを同国内の半導体企業に発注し、中国へ迂回輸出させることである。

マレーシアには、マレーシアン・パシフィック・インダストリーズやイナリ・アメルトロンといった大手半導体パッケージング会社がある。こうした企業に中国の半導体設計会社が製造を発注するというわけだ。『ロイター通信』は2023年12月、中国企業がマレーシアの半導体パッケージング企業にGPUチップの組み立てを要請し、一部契約はすでに合意した状態であることを報じた。「後工程」のパッケージングは米国の規制の外にある。

また、中国はマレーシアへの企業進出も目論んでいる。2021年にファーウェイからサーバー事業を買い入れたエックスフュージョン（超聚変技術有限公司）は2023年9月、マレーシアの半導体生産企業ネイションゲートと提携のうえでGPUサーバーを製造することを発表した。

また、上海に本拠を置くスターファイブはペナンに設計センターを建設中だ。とんでもない話としては、2022年5月の時点で、トンフー・マイクロエレクトロニクス（通富微電子股分有限公司）と米国ＡＭＤとの合弁会社ＴＦ－ＡＭＤマイクロエレクトロニクスが、ペナンの施設に約５８６億円の追加投資で生産拡張すると発表している。

マレーシアが半導体の製造国であることには、もちろん何の問題もない。ただし、中国に輸出させてはいけない。イタチごっこの様相を呈しつつあるが、マレーシア企業を使って規制逃れを行う中国企業に対して、米国は規制対応の幅を広げていく必要がある。

とにもかくにも、ＧＰＵの対中迂回輸出は止めなければならない。そしてまた、先のレガシー半導体についても今後マレーシアに委託製造させるということになれば大変なことになる。

中国を組み込んだグローバルサプライチェーンに回帰することはない

中国政府による反発を受け、米国の半導体規制が撤回される可能性があると主張する専門家もいる。しかし、中国を組み込んだグローバルサプライチェーンに回帰する可能性はないと思われる。というのも、新型コロナウイルスは中国の半導体サプライチェーンの脆弱性を明らかにしたからだ。

中国の半導体製造装置産業は国際的な競争優位がなく、西側諸国の半導体製造装置に依存していることが、西側諸国の半導体規制により浮き彫りになり、中国の重大な脆弱性を表にすることになった。

一方、中国共産党も巻き返しをはかっている。第20回共産党大会報告書では、米国との貿易摩擦を「経済の主戦場」と特定し、「高度な技術の自力強化と競争力の強化」と書き、半導体分野で西側諸国に追いつく決意を示している。中国の米国に対する挑戦姿勢も明確になった。

実際に合弁事業や市場へのアクセス条件などを通じて、西側の軍民両用技術を組織的に極めて巧妙に盗み取ろうとしている。

こうした慣行は同国のWTO加盟以来、拡大し続けている。中国は、輸出規制をかい潜り、禁輸物資を含め西側諸国の半導体技術や半導体、製造装置を取得することに熟練している。

西側諸国による半導体規制の実施が遅れたことで、中国は規制対象となった西側の半導体製造装置を入手できた。その最も典型例はファーウェイの新型スマートフォン用半導体を製造するための欧州と米国の機器を確保したSMICだ。中国では政府系ファンドや国家開発銀行から半導体産業に多額の資金が供給され、主要企業の急成長を支えている。おかげで同社は2000年に数世代遅れをとっていた世界大手半導体企業との差を現在では数年遅れまでに縮めている。

中国の研究者が半導体における真に独自の技術革新に着手するようになり、この結果、世界の半導体産業を変革する可能性のある技術的ブレークスルーを発明する可能性があることを想定しておくことも必要だ。

これらの現実の前に、もはや、ヒト・モノ・カネ・情報が国境を自由に超えて世界経済を発展されるというお伽話（とぎばなし）を信じる人は少ない。安全性を確保するために半導体や電子部品のサプライチェーンを再編することが行われ、サプライチェーンの管理は複雑になるだろう。日本企業が投資した設備は、有事の際には国防動員法の発令で接収されてしまうことは厳然たる真実である。そのことを認識しておかなければならない。

第4章

日本の経済安全保障は半導体復活にかかっている

――半導体産業を奪われた日本の明日は

しのぎを削った日米半導体開発史

半導体素子であるトランジスタは1947年、米国のベル研究所で誕生したゲルマニウムを材料とした半導体素子である。

真空管の小型化代用品として考えられていたトランジスタの用途は当時、軍需以外には想定されていなかった。それを日本が変えた。

終戦直後の日本において、トランジスタの開発情報は、GHQ（連合国軍最高司令官総司令部）がベル研究所を想定して日本に設立させた逓信省電気試験所を通じて民間企業に伝えられた。1952年に日立製作所と東芝、翌1953年に東京通信工業（現在のソニー）がトランジスタ技術のライセンス契約を結ぶ。東京通信工業においては同年、早くもトランジスタの生産に着手している。

東京通信工業はトランジスタの用途としてラジオを選んだ。1955年に世界初のポータブルトランジスタラジオ「TR-55」を発売する。

真空管ラジオしかなかった当時、手のひらに乗る大きさの、単3乾電池4本を使用した携帯型、つまり持って出かけることのできるラジオは驚異的であり、1959年には、日本のラジオ生産台数の80％がトランジスタラジオとなった。ちなみに乾電池も、１８８５（明治18）年、越後長岡藩士屋井家出身の実業家、屋井先蔵という日本人による発明である。

日本のトランジスタ生産量は１９５９年に早々と米国を追い抜き、その後、追いつ抜かれつで、しのぎを削ることとなるが、米国は次の一手を打っていた。ゲルマニウムの能力を部分的に上回る半導体材料、シリコンの導入および技術開発である。

シリコンの登場によってシリコンウエハーの製造が可能になった。そして、シリコンウエハーの登場で、コンピュータの性能と商品性を飛躍的に高めることになるＩＣ（集積回路）の設計が可能になったのだ。

ＩＣの技術開発はほぼ米国が牛耳る分野だった。日本でＩＣの重要性が認知されて需要が増加し、産業の一端を担い始めるのは１９６０年代中後半からの話である。

そして、日本をＩＣの大国にのしあげるきっかけとなった製品こそが「電卓」だった。

１９６４年に世界初のトランジスタ電卓を発売したシャープは、１９６６年にＩＣ電卓を完成させた。同社は１９６９年、米大手ノースアメリカン・ロックウェル社と技術提携し、世界初のＬＳＩ（大規模集積回路）電卓を開発する。

シャープをはじめ、キヤノンやリコーなどの電卓メーカーはその半導体供給を米国に依存していたが、画期的だったのは１９７２年に発売されたカシオの「カシオミニ」である。

カシオミニは日立製作所、日本電気（ＮＥＣ）といった国内メーカー製造のＬＳＩを搭載していた。日本においてＩＣ国産化の推進役を務めたのは、コンピュータおよび通信機器を製造する電機企業である。こうした企業は総合的な生産ラインを持ち、ＩＣの生産量の半分以上は自社製品に組み込んでいった。

１９７０年代初めまでは、日米で半導体の棲み分けができていた。米国はＮＭＯＳ（Ｎ型金属酸化膜半導体）の開発に集中、軍事とコンピュータ向けが主であり、一方、日本はＣＭＯＳ（相補型金属酸化膜半導体）開発に集中、電化製品向けが主だった。

ところが、１９７０年代に、日本企業がＣＭＯＳで技術革新を起こし、ＮＭＯＳの性能と並んでしまった。さらに、１９７３年のオイルショック以降、日本企業はコンピュータのデータ記憶に使うメモリーに市場参入し、米国との棲み分けが崩れてしまったのだ。

１９７６年、日本はコンピュータ・システムの要（かなめ）となる超大規模集積回路の開発を目的とする「超エル・エス・アイ技術研究組合」を発足させた。

こうして、１９８０年代半ばまでに、技術開発力的にも数量的にも米国の半導体専業メーカーが支配していた半導体市場において、ＮＥＣ、日立製作所、東芝などの日本の総合電機メーカーは、じわじわとその地位を上げていった。そして１９８５年、ついにＮＥＣがトップに躍り出る。

1985年から1991年までNEC、日立製作所、東芝の3社がトップ3を独占した。この時期、日本は半導体の輸出量も、国内の半導体需要数も、ともに世界一のいわゆる「半導体王国」だった。当時の日本の半導体産業は最先端レーダーやミサイル誘導装置などに搭載される半導体を開発することができた。しかし、半導体産業の衰退とともに防衛分野の開発力が弱体化している。

この日本の電機企業の躍進に対し、米国は人工衛星やミサイルに使用される半導体が、全て日本の電機企業に押さえられることは米国の軍事上の脅威ととらえ、米国の半導体産業の苦境を経済安全保障の問題として認識した。こうして半導体を国家の基幹産業と位置付けていた米国で、「日本脅威論」が盛んに議論されるようになった。

そして半導体市場の状況に対して、米国が政治的な対抗策に出る。1986年9月に締結された第1次日米半導体協定（1986年～91年有効）と、1991年6月に締結された第2次日米半導体協定（1991年～96年有効）である。

不平等な協定はなぜ結ばれたのか

日米半導体協定は1980年代から1990年代にかけて、どれだけ米国が日本の半導導体を恐れていたかを端的に示している条約である。幕末1858年に結ばれた関税不自由・治外法権の日米修好通商条約に匹敵するほどの不平等条約だった。

1984年の米ロサンゼルス・オリンピックの翌年、米国は半導体不況に陥り、DRAM（半導体メモリー）価格が暴落。同年、インテルはDRAM事業の撤退に追い込まれる。1980年代半ばまで、8社あった米国のDRAMメーカーはマイクロン・テクノロジーとテキサス・インスツルメンツの2社だけになった。

こうして日米の半導体をめぐる争いは、日米両政府間の争いへと発展した。その結果、1986年9月に第1次日米半導体協定（1986年～1991年有効）が結ばれた。

第1次日米半導体協定は「日本の半導体市場の海外メーカーへの解放」、つまり日本はもっと海外から半導体を買え、ということと、「日本の半導体メーカーによるダンピングの防止」ということの二本柱からなる。日本企業にはダンピングをさせない、という理由で、米国政府が価格を決めることになった。

協定の運用においてはサイドレター、つまり補完文書がたびたび交わされた。日本国内の外国製半導体のシェアを5年以内に20％にするという方針も協定本文ではなくサイドレターに書かれたものらしいが、米国半導体企業の日本国内シェアはなかなか伸びず、米国が通商法301条（通称スーパー301条）に基づいて日本製品に関税を課すと予告し、実際にパソコンやカラーテレビなどに１００％の関税制裁を施したことがある。

日本は補完文書の数字は数値目標ではないと反論したが、こうした日本からの抗議は一切聞き入れられなかった。１９８８年に外国製半導体購入促進機関として「半導体ユーザー協議会（ＵＣＯＭ）」を設立するなど、米国に対してかなりの譲歩をしているにもかかわらずである。

ダンピングするな、ということについては、日本の半導体製造企業それぞれに米国が独自に算出した「公正市場価格（ＦＭＶ）」が設定され、調査された。にもかかわらず、日本の半導体はシェアを伸ばし続け、世界の半導体市場の半分以上を日本製半導体が占めることになる。

つまり、第1次日米半導体協定の制裁付きの厳しい規制の中にあってさえ、１９９１年にかけてＮＥＣ、日立製作所、東芝の3社が世界の半導体売上トップ3に居続けたのだ。

米国はこうした事態に対してさらに反発を強め、第1次日米半導体協定の失効間際、１９９１年6月に第2次日米半導体協定（１９９１年～１９９６年有効）が結ばれた。第2次日米半導体協定は「日本国内の半導体市場における外国製半導体のシェアを20％以上にすること」、そして引き続き「日本の半導体メーカーによるダンピングの防止」が協定の骨子とされた。

サイドレターでの申し合わせを米国の有利に確定させるため、協定本文に直接書き込んだかたちである。外国製半導体のシェアが下がるたびに緊急会合が開かれ、日本は特別措置を求められた。そして、ついに逆転現象が起きる。1992年、外国製半導体の日本国内シェアは20％を超え、それと同時にNECが売上を失速させ、米国のインテルが世界売上のトップとなった。

この第2次日米半導体協定の恩恵を最も受けたのが韓国である。日本の機器メーカーは、日本国内の半導体市場における外国製半導体のシェアを20％以上にするため、外国製半導体である韓国製DRAMを歓迎した。韓国製DRAMは米国の公正市場価格の対象外であったから、韓国は安価な人件費を利用し、価格競争力のある販売を行った。こうして、日本が得意としていたDRAMの世界シェア1位の座は韓国に奪われてしまったのだ。

日本の凋落をしり目に、米国は再び世界半導体市場の国別シェア第1位に返り咲く。1998年には、日本のDRAM年間売上高が韓国のDRAMの年間売上高に追い抜かれる。翌1999年、NECと日立製作所からそれぞれDRAM部門が切り出され、「NEC日立メモリ」（2000年にエルピーダメモリに社名変更）という形で事業統合される。ところが、エルピーダメモリは、2012年2月、会社更生法の適用を申請し倒産。2013年7月には米マイクロン・テクノロジーに買収され、マイクロンメモリジャパンとなり、現在に至る。

１９９９年、「半導体ユーザー協議会」が解散した。日本国内の半導体はすでに韓国をはじめとする外国製半導体に席巻されており、外国製半導体の購入をわざわざ促進する必要などなくなったからである。

半導体に限ったことではないが、技術には研究的推進と産業的推進の２つの面がある。日米半導体協定は明らかに、素人が見てもわかるくらい産業的推進において不利な、悲劇的な歴史だった。

第１次日米半導体協定は中曽根康弘政権下で、第２次日米半導体協定は海部俊樹政権下で結ばれた。当時は、自動車や農産物をはじめとする複数産業における日米貿易摩擦問題が懸案事項として取り上げられていた。

半導体はその犠牲になったとも言えるが、それと同時に日本政府には半導体がこの先どうなるかという重要性の認識がなかった、ということでもある。それはまた各企業においても同様のことが言えるだろう。

半導体の世界覇権を狙う中国という、国家安全保障上の大きな脅威が存在する現在、米国と日本は技術的推進においても産業的推進においても足並みを揃える必要がある。第１次・第２次の日米半導体協定の経験は、そのための良き反面教師であり、具体的な参考資料となるはずだ。

見過ごしてはいけない日本の「パワー半導体」の強さ

日本の半導体産業は、もはや回復の見込みはないのだろうか。いや、そんなことはない。日本の強みを生かせる半導体は、今でも存在している。

中央演算装置（CPU）は処理の速さを競い、微細化を競うが、半導体はそれだけではない。先端半導体よりも回路線幅が太いパワー半導体は、後述するラピダスが目指す2ナノメートルといった回路線幅のように話題にのぼらず、メディアが派手な見出しで取り上げることもないが、重要な役割を担っている。人間の体にたとえると、中央演算装置やメモリーは「頭脳」であるなら、パワー半導体は「筋肉」である。

ハイブリッド車や電気自動車、あるいは電車、インバータ・コンバータなどの電力変換器や産業用機器など幅広い用途に使われる「パワー半導体」は、重要な半導体である。通常の半導体よりも大きな電流量や電圧、電力を扱うパワー半導体は、無駄のない送電や安定的な電源供給を行うことができる。このため、高い電圧や大きな電流にも壊れないことが求められる。

図表1　パワー半導体市場シェアランキング（2022年）

順位	企業名	国名
1	インフィニオンテクノロジーズ	ドイツ
2	オンセミコンダクター	米国
3	STマイクロエレクトロニクス	スイス
4	三菱電機	日本
5	ビシェイ	米国
6	ROHM	日本
7	東芝	日本
8	富士電機	日本
9	ルネサスエレクトロニクス	日本
10	※ネクスペリア	蘭（中国）

※ネクスペリアは、中国の聞泰科技股分有限公司（ウィンテク・テクノロジー）の子会社
トップ10に日本企業5社が名を連ねている

すでに数千ボルトや数千アンペアという大電力を扱えるパワー半導体は、さらに細かな制御を効率的に行い、より効率的に制御する研究が進むだろう。

パワー半導体には、スイッチング動作を行うための電力消費に加え、電力を流した際に一部の電力が熱として逃げるなどの電力損失が発生する。そこで、シリコンよりも電気を通しやすく、電力損失が発生しにくい新しい半導体材料を使い、パワー半導体を製造することが研究された。

SiC（炭化ケイ素、シリコンカーバイト）とGaN（窒化ガリウム、ガリウムナイトライド）の2つが新しい半導体材料として有力視され、この数年間で製品化が相次いでいる。

つまり、パワー半導体は、どの物質とどの物

質を混ぜれば新しい半導体材料になるかが重要になる。パワー半導体には、化合物、簡単に言えば混ぜ物が半導体材料として使われるようになる。これは、日本が強みとする技術だ。

日本のパワー半導体メーカーは、世界のパワー半導体メーカーのランキング上位10社の中に5社も入っている（**図表1**）。

世界中の半導体メーカーが、パワー半導体製造のノウハウ、つまり「職人技」に頼った（以下、「職人芸」）製造プロセス開発に頭を使っている。

そして、日本はパワー半導体分野については相当に強い。特に名古屋大学は、その研究開発では有名な大学である。

明るい話もある。パワー半導体の素材をSiCに絞ると、SiC半導体の主なメーカーはドイツのインフィニオン、スイスのSTマイクロ、日本のROHM（ローム）、米国のウルフスピード（パワー半導体全体でのシェアは16位）の4社である。SiC半導体に限ると、ロームは世界的に競争優位を持つ。このロームが東芝に計3000億円を出資した。ロームのパワー半導体の売上高は自動車向けを中心に約1100億円。東芝のパワー半導体の売上高も1000億円規模で、うち約3割が自動車向けだが、鉄道部門を介し、鉄道向けパワー半導体にも強みを持っているのが特徴だ。今回のロームによる東芝への出資により、ロームの顧客層が広がる可能性があり、生産部門の人材も得られる。ローム・東芝連合が、パワー半導体業界での存在感を増すことになってほしい。

また、２０１４年に「高輝度青色発光ダイオードの発明」でノーベル物理学賞を受賞した赤﨑勇工学博士は名古屋大学特別教授にして名誉教授であり、名古屋大学赤﨑記念研究センターのフェローを務めていたことで知られる。ダイオードはパワー半導体と同じ製造プロセスを持つ化合物半導体なのである。

パワー半導体は民生用として自動車や電車などに使われるほか、ドローンや無人装備品、通信機器やレーダーの高出力半導体としても使われており、国防上においても重要な半導体だ。ＧＰＵと並ぶ最重要の軍民両用技術であり、政府は技術情報の管理に細心の注意を払うことが求められる。

中国の主な半導体強化大学、西安交通大学や華中科技大学、清華大学、北京大学、復旦大学といった大学が軒並み名古屋大学と提携関係にある。名古屋大学の重要性を考えると、中国の大学との提携には慎重であるべきだ（第5章参照）。

少し話がそれるが、高輝度青色発光ダイオードの発明には多々、興味深いエピソードがある。たとえば、電子ビームをあてたら青色発光した、という事実があり、一時期、電子ビームの放射が同ダイオードの製造プロセスのひとつとされた。しかし、日本人ならではのしつこさと丹念さでプロセスのあり方を追求したところ、電子ビーム放射の際の発熱こそが大事であり、電子ビームは必須ではないことを発見する。プロセスはより省力化され、採算の取れる供給が可能になった、という具合である。

パワー半導体に話を戻そう。現在、テレビやエアコン、冷蔵庫といった一般家庭向けの機器の電源回路から、大きなところでは電気自動車や5Gネットワーク基地局、太陽光発電の電力制御など、用途を拡大している。そうした中で、特に厳格な対応が必要になるのが自動車用のパワー半導体の製造だ。

自動車用のパワー半導体は搭載されるまでの制限が厳しい。特に日本では、耐久温度や耐久時間について過剰な条件が材料に対して要求される。実際には起こり得ない条件ではあっても人の命にかかわるものであるから致し方がないところもあるが、それが一部、自動車用のパワー半導体が市場に出にくい理由にもなっている。

他の国は条件の敷居が低い。したがって、日本がつくらない低性能で安価なパワー半導体が流通し、日本のパワー半導体が販売数の点で遅れをとっている面もある。

ただし、メイド・イン・ジャパンのクオリティは、日本だけが過剰に高く設定している条件に応えることとよってこそ鍛えられてきた。

安全性のための基準などは各国の研究コミュニティが判断するが、今は要求が高い傾向にある。その基準を超えられる国が中国ではないのは明らかなこととして、求められているのは当然、ジャパン・クオリティなのだ。

日本の半導体産業が得意とするのは、メイド・イン・ジャパンとして世界の信頼を得ている品質にあり、今後も変わることはないだろう。ただし、この強みは採用条件が下げられたときに、低性能・低価格の半導体を生産していない日本は価格競争において負けてしまう、という現実問題もはらんでいる。中国は、こうした安全性にかかわる条件を政治的に利用する国であることを忘れてはならない。

「アナログ半導体」は日本のお家芸

もう一つ、日本が強みを生かせる半導体に「アナログ半導体」がある。「アナログ半導体」と言われて、なかなかピンと来ない読者もいるのではないだろうか。

デジタルとはコンピュータ同士が喋るときの会話方法である。そして、コンピュータ同士のお喋りの入口と出口には人間がいる。

入口においては人間の行為、つまり音声や文字タイピングをコンピュータに理解させなければならず、出口においてはコンピュータのお喋りを人間に理解させなければならない。

これをアナログ入力、アナログ出力と言い、アナログ入出力を行う回路に必要となるのがアナログ半導体だ。

かつて、マーケットとしてはデジタルの分野がきわめて大きく、日本も一生懸命になってデジタルを事業化していった。「デジタル時代」などという言葉も生まれ、その結果として何が起きたかといえば、アナログ分野の技術者と研究者の大幅な減少である。

少し冷静になって考えればすぐにわかることでもあるのだが、アナログ技術が失われれば、人間が使うべき製品は一切製造できなくなる。もっと言えば、デジタルの中の半導体素子をつくるだけの国となる。

しかし、最終的に絶対に失ってはいけないのはアナログなのだ。というのも、デジタル技術であれば、それこそ本を読めばつくることは可能だ。ところが、アナログ技術にはまさに職人芸なところが必要になり、もっと言えば一子相伝でしか伝わらないようなところがある。

アナログ技術には職人芸的なところがあり、大学教授が教えるというよりも現場で経験を積んだ市井の人間の分野といった側面が強い。CDをつくった人ではなく、ラジオの音質向上に励んでいたような人たちの世界、という感じで、今の60代以上、70代の人たちが持っている技術の世界である。

この技術が今、教科書レベルでは残っているにせよ、技術をつなぐということが大学の教育からなくなりつつある。企業に残っている60歳以上の人たちはこれに気がついており、次の世代を育てなければ日本が終わりかねないほどの大問題としてとらえている。最終的にはアナログしかない、ということはメディアでも書籍でもあまり警告されない。危機感を持っている人たちが、メディアなどの世界の現役ではないからだ。

そして、60歳以上の職人気質の人たちだけが真剣に「ヤバい」と感じている、ということは、視点を変えて言えば、米国や中国をはじめ、世界が見落としている部分のひとつがアナログである、ということだ。

人工知能の本格的な普及の時代に入れば、そこでますます重要になるのはコンピュータと人間とのインターフェース（接点）であるに決まっている。知能というところのデジタルばかりが注力されるが、デジタルが出した答えを人間に理解させるのはアナログ技術以外にはない。

日本には、伝統的に「縁側」という文化がある。いろいろな人と話をし、いろいろな人の話を聞く場所である縁側が日本家屋には必ず設けられた。それと同じく、いわば、アナログ技術は半導体産業の縁側なのだ。

アナログ半導体において危惧（きぐ）すべきは大きな企業の不振ではなく、アナログ技術を有し、実地に行っている中小企業および零細企業の喪失である。政府がやるべきなのは、それらに対する経営および人材育成のための支援だ。

特に人材育成を怠れば、日本のアナログ技術は10年で終焉すると試算する研究者もいる。こうしたことへの対策が地方創生の具体策であるはずなのに、絵に描いた餅のような企画書ばかり提出されているのが実態だ。

2024年時点での現実は、日本の半導体技術は世界に対して周回遅れだ。デジタルの中だけでの勝負であれば、日本は勝てない。

しかし、勝ち負けは戦略のひとつでしかない。忘れてはならない戦略に〝日本らしさ〟がある。ずっと強かったアナログを途絶えさせることなく大復活を遂げさせ、世界がデジタルばかり相手にしているその間に、最後は日本のアナログ技術がインターフェースの世界を牛耳る方向に持っていけるようにしておくことが必要だろう。

経産省関連の機関からよくヒアリングを受けるというある研究者から聞いた話によると、提案に対して必ず問われることがあるという。「それは米国や中国、ヨーロッパではどれぐらい進んでいるのか」という質問だ。進んでいなければ、「流行っていないからやらない」という結論に至るのである。

官僚の説得にはエビデンス（証拠）、具体的には棒グラフが必要だ。「米国はこんなにお金を使っている。中国も、ヨーロッパも使っている。では日本もやらないと」というロジックしか通用しない。「米国はまだやっていない。中国もやっていない。彼らはこのあたりをやっているから、日本はここをやるべきだ」という提案に対しては、「やっていないのは成功の可能性がないからだろう」という答えしか返ってこないことがしばしばだという。

なぜ、役割分担の発想でマーケットを取る作戦に立たないのか。日本だけができる高付加価値の製品を適正な価格で売っていくことが国富の成長につながる。今こそ海外と同じく、国外にはそれなりの値段で売り、国内には優しく、という世界標準の常識に立つべきである。

今こそ日本企業は中央研究所復活を

先述したように、技術には世界一の技術を追求、あるいは維持し続けようとする研究的推進と、経済効果を高める産業的推進の２つの面がある。そして、日本の半導体産業が凋落した要因のひとつに、日本は先端技術に走りすぎたからと言える、ということだ。

徹底して最先端技術を追い続けるのが研究的推進というものだが、そこには最先端技術でビジネスを行うということが社会のニーズに合っているか、つまり商売になるのかという問題がある。

日本が半導体王国と呼ばれていた１９８０年代、日本は半導体材料であるシリコンのクオリティ向上を追求していた。シリコンの質の向上は半導体製品の性能の向上に直結し、日本は世界中から高い信頼を獲得していた。「メイド・イン・ジャパン」ブランドには現実的な根拠があった。

ただし、世の中が求めていること、つまり社会のニーズには、それ以上の技術を必要としないラインというものがある。たとえばテレビの解像度は今、４Ｋ、８Ｋ、16Ｋと上がり続ける一方だが、製品価格も上がる一方であり、そこまでは必要ないというラインで頭打ちになることは容易に想像できる。当時の半導体も同様で、クオリティの向上に走りすぎた結果として価格競争で負けてしまうという苦い経験をした。

日本よりも圧倒的にクオリティの低い、韓国をはじめとする海外製品が低価格で市場に出回ったとき、多くの日本人は「良い日本製品が必ず勝つ」と考えた。当初はそれも通用したが、５年10年と経つうちに、自分の求めているレベルのものであれば十分、安い方がいい、という消費者判断によって市場は持っていかれた。

研究的推進と産業的推進の使い分けは、戦略によって行われるべきものである。したがってここには、政府の介入が必要だ。簡単に言えば、研究的推進にかかわる予算と産業的推進にかかわる予算の計画である。

企業が産業的推進ばかりを求めると、基礎研究を行わなくなる傾向が強まる。基礎研究とは文部科学省の定義によれば、「個別具体的な応用、用途を直接的な目標とすることなく、仮説や理論を形成するため又は現象や観察可能な事実に関して新しい知識を得るために行われる理論的又は実験的研究」である。

基礎研究は売上に即効しない。役に立たないと判断され、事業の体制から外される場合が頻繁にある。

現在主流である企業経営における考え方、つまり目先の株主利益を最大化すべきであるという「株主資本主義」を信仰し、自社株買いや増配を通じて、会社をしゃぶりつくすことだけが目的の株主にとって基礎研究などは不要な支出だ。

かつて日本は、冷蔵庫や洗濯機、エアコン、電子レンジといった、いわゆる白物家電に強かった。白物家電に半導体が搭載され、デジタル家電と呼ばれるジャンルを築いた。

このことから分かるのは、半導体のみを見ていると日本は勝てない、ということだ。なぜかと言えば、日本は半導体材料のブラッシュアップと製造は得意中の得意とするが、半導体の材料となる物質そのものについては、ほとんど日本列島で産出しないからである。

半導体を自分たちの強みの舞台でどう生かすか、日本は、それを考えてきた国だ。デジタル家電で大きなマーケットを築いた企業は自社内に基礎研究所を持ち、日々考え続けていた。しかし、現在、ほとんどの企業が自社基礎研究所を閉鎖してしまった。たとえばNECは1982年に設立した「基礎研究所」を2004年頃に廃止し、研究所名を変えながらビジネスの即戦力となる技術に特化した研究のみを行っている。

これは、株主資本主義が蔓延し、目先の株主配当だけが重視され、中長期的な視点から見た経営ができなくなっていることと関係がないか。

日本の企業に必要なのは自社基礎研究所の復活である。それを名目として、政府が企業に対して補助金などの支援を行ってもいいはずだ。

基礎研究についていえば、日本の学術界には基礎研究に対する公金の支援がある。いわゆる科研費と呼ばれている科学技術研究費がそれであり、これは研究者個人の才覚によって行われる研究活動を支援するものとして重要だ。

そしてもうひとつ、今後は、いわば戦略的基礎研究というものに対する支援が必要になるだろう。国が確固とした戦略を立て、その目標に向かって、我こそはと全国から集まった頭脳と技術が進める研究に対する支援である。

米国には国防総省の特別設置機関としてDARPA（国防高等研究計画局）がある。前身であるARPA（高等研究計画局）の時に、インターネットの原型であるARPANET[※20]

※20：Advanced Research Projects Agency NETwork
※21：Global Positioning System

（高等研究計画局ネットワーク）、あるいはＧＰＳ※21（全地球測位システム）を開発した機関として知られる。

日本では、研究開発に関する国家予算については、経済産業省と文部科学省が統括している。経済産業省は技術を製品、あるいは社会へ実装する際のサポートを行う。文部科学省は基礎研究の追求をサポートするというスタンスだ。

研究者から課題を募集して研究資金提供をコーディネートするのは、文部科学省所管の国立研究開発法人「科学技術振興機構」（ＪＳＴ）である。資金提供は文部科学省からなされる場合もあるし、経済産業省からなされる場合もある。

ＪＳＴの所属人員は企業で研鑽（けんさん）を積んだ、あるいは博士号を取得している優秀な科学技術の専門家であり、文部科学省の役人も優秀だが、ＪＳＴの所属人員が永続的に同一任務に就くのに対して、日本の官僚制度には２年で異動する慣例がある。研究にかかる年月は長短さまざまであり、担当官僚間で引き継がれないことがしばしばあるのが、省庁統括による残念であり、もったいないところだ。

研究者の間では「文科省の予算を獲得したら経産省の予算は獲得しにくい。経産省の予算を獲得したら文科省の予算は獲得しにくい」とよく言われるという。これは両省の折り合いの悪さの比喩表現であるが、もともと別組織だった文科省の「科」の部分である科学技術庁はその存在目的からしても経産省に所属すべきである。文科省の予算か経産省の予算かといった些末的な問題を廃したうえで、JSTに防衛省による情報提供もからめ、戦略的基礎研究の総本山となすべきだろう。

一方、経産省は研究開発に関する予算は主に同省所轄の国立研究開発法人「産業技術総合研究所」(産総研)に注ぎ込まれる。産総研は経産省の方針をミッションとして研究開発を行う機関である。

重要なのは、文科省所轄の国立研究開発法人「物質・材料研究機構」だ。というのも、この組織には半導体材料をはじめとする物質・材料の基礎研究の技術と知識を総合的に保有しているからだ。まさに日本の宝である。日本の企業が基礎研究所を持つことができない以上、こうした国立研究開発法人(通称・国研)に予算をしっかりとつけるべきである。

しかし、現場では正反対の事態が起きているようだ。2023年3月末をもって、文科省所轄の国立研究開発法人「理化学研究所」は、同研究所に所属する有期雇用研究者の約2割にあたる約600名を雇い止めした。超一流の技術者がリストラされたのである。

研究機関で当然のようにリストラが行われるのであれば、次の世代が研究を引き継ぐことなどできなくなり、ノウハウが継承されなくなる。技術開発には、人間によってしか受け継ぐことのできない「職人芸」というものがあるのだ。

取扱いに注意すべき「職人芸」

これまで見てきたように、日本は今でも半導体材料分野では世界一である。かつてはその強みを白物家電にプラスすることで一大マーケットを築いたが、現在、そのマーケットは中国や韓国に奪われてしまった。

しかし、優秀な半導体材料の製造にかけては今も変わることはない。

日本が持つ半導体材料の製造技術の強みは、料理の美味しさに似ている。半導体材料の製造はモノづくりであり、料理をつくるのと同じである。同じである、ということの意味は、つくる現場にいる人間にしか分からない、あるいは伝わらない「職人芸」というものがある、ということだ。

職人芸は、技術論文をいくら読んだところで盗み取ることはできない。特許にも書かないし、論文にも書かない、正確に言えば書くことのできない不思議な部分が技術には存在する。「誰それ君がやったらうまくいったが、誰それさんがやったらダメだった」とか「誰それさんがつけていた香水が実は成功の鍵だった」などという冗談のような本当の話があるのだ。

技術の職人芸は、できあがった製品を見ても分からない。できあがった日本酒を飲んでみたところで同じ日本酒をつくることはできないのと同様である。

たとえば、大きな電流や電力を扱うことができるパワー半導体は複数種類のシリコンを混ぜてつくる化合物半導体だが、ここにはシリコン半導体を製造する場合以上のノウハウがある。ノウハウとはつまり職人芸のことであり、日本国内の研究室同士であっても教えないレベル、というよりも教えることのできないレベルの技術であり、情報だ。ある研究室である技術を発見した、といったことがあると、共同研究契約を結び、その研究室に行って技を身につけて戻る、という段取りを踏む。

本当に、実際にそこに行ってみなければわからない特殊な技術がある。２０２４年現在で27法人を数える国研はそれぞれ技術データベースを公開しているが、そのデータベースの情報だけで同じものをつくることはできないし、つくろうと試みる研究者もいないだろう。製造プロセスにおける職人芸はデータベース化できるものではないということを、研究者たちはわかっているからである。

また日本の研究環境は、たとえば米国の研究環境と決定的な違いがある。それは情報の取り扱いだ。米国の場合、大学などの研究室に入り、一定の時間が経って国に帰ったり、別の研究室に行ったり、企業に就職したりする際には、作成したノートや日々の記録などは一切研究室に残し、裸一貫になって離れる。研究室で得た知識や技術は脳みその中にあるだけだ。

一方、日本の場合、一切合切を持ち出すことができる。つまり、事実上、すべての取得情報は外部に流出する。これは改めるべきだろう。

また、米国では海外からの研究者の任期は2年間と決められている。2年という期間の根拠は2つあると考えられる。ひとつは、2年間という短期間で集中的に懸命に行う研究の質の高さへの期待である。もうひとつは、2年間という短期間であれば技術のすべてを身に付けることは不可能であり、すべてを持ち出されることはないだろうという安全保障上の理由だ。日本の研究環境も、米国にすべて倣え（なら）とは言わないが、早急に変革するべき時にある。

知的財産の保護は喫緊の課題

日本における知的財産の保護は喫緊の課題だ。それは、国富の保守ならびに産業競争力の確保とイコールである。

たとえば、有機半導体という次世代の半導体がある。炭素材料からなる半導体で資源は無限にあり、かつ土に還るエレクトロニクスだ。

有機半導体は柔らかい半導体であり、変形する曲面に装着できる。ウェアラブルデバイスや医療分野での展開が期待される。そして実は今、日本はこの研究に強い。各大学で研究が進んでおり、政府は、こうしたところにこそ資金を出すべきである。

従来の無機材料の半導体の性能は、いわばもう上がり切るまでに至っている。有機半導体は、研究者の数もまだ少なく、これから上昇してくる分野である。自国に始まるこうした分野をこそ大事にするのが日本らしさというものだろう。

経済安全保障推進法の4つの柱の中に、特許非公開制度がある。2023年12月、政府は非公開とされた技術を持つ企業などに求める情報漏洩対策などの新たな指針をまとめた。同法では軍事転用できる技術の流出を防ぐため、25の技術分野を対象に原則公開とされる特許の出願内容を非公開にできる制度を定めている。この特許非公開制度の導入は経済安全保障の観点から高く評価できる。このように、政府は特許の持つ重要性を理解しているのだから、国際特許取得支援や補助を充実させてもらいたい。

2004年、国際原子力機関（IAEA）が韓国原子力研究所の極秘ウラン濃縮実験施設を査察した際、日本のレーザー濃縮技術研究組合が開発したレーザー濃縮技術に関する特許公報を発見した。この特許技術が核心となる機器の実物も発見された。韓国は200

0年1月～3月に少なくとも3回、IAEAに未申告で極秘に核兵器を製造するためのレーザー濃縮実験を実施したと、『毎日新聞』が2015年11月に報道した。

また、半導体の量産において肝心なのは、先の高輝度青色発光ダイオード発明のエピソードからもわかるように、プロセスの構築である。プロセスを持って行かれれば終わりであるから、特許を取っておかなければならない。

そこに必要になるのは日本国内の特許だけではなく、PCT国際特許出願制度による各国特許登録、いわゆる国際特許である。

これには、単純なものの特許でも出願から登録まで1件あたり、たとえば米国においては120万円程度、中国においては100万円程度、EUにおいては200万円程度かかり、さらに維持更新費も各国において必要になるため、予算的な部分で多くの組織、特に大学はなかなか国際特許を取らせてくれない。

そして、研究開発した技術が注目を浴びた時にはすでに遅く、勝手に持っていかれてしまうのである。公表される大雑把な情報だけでも、相手は頭脳レベルの高い研究者であるから、多分に同じものを開発してしまうのだ。とはいえ、主要各国の特許をすべて取るほどの予算の余裕は今の学術界にはない。

特許は基本特許と周辺特許に大別されるが、重要なのは当然、基本特許である。製品にまつわる周辺特許などは製品を変えればいいだけの話であるから、たいした問題ではない。基本特許を横取りされれば、どんな製品に変換しようが訴えられてしまうことになる。

基本特許を申請できる組織は大学あるいは企業の基礎研究所しかない。ところが、大学に予算はなく、企業は基礎研究所を次々に閉鎖している状態だ。そうした状況下では、やはり大きな産業戦略は生まれにくい。特に大学の基本特許申請に対しては、国が支援する必要がある。

先述した通り、経済安全保障推進法では、機微技術の流出防止のために特許の出願内容を非公開化して特許の実施や外国出願を制限する「特許の非公開」制度が設けられている。非公開によって特許収入を得られなくなる発明者に対しては国が一定の基準で補償する。そうしたことと合わせて、機微技術とは判断されない技術に対しても国の支援が必要である。

岸田政権は2022年をスタートアップ創出元年として、「スタートアップ育成5カ年計画」を策定した。2027年度までの5年間でスタートアップ企業への投資額を10兆円程度と見込んでいる。その内容を「創業を目指す若手人材に経験を積んでもらうため1000人規模で海外派遣することなどを目標に掲げています。また、将来において、ユニコーン企業を100社創出し、スタートアップ企業を10万社創出することを目指しています」としている。

ユニコーン企業とは一般的に、設立から10年以内で企業評価額が10億ドル以上の非上場テクノロジー企業のことを指す。スタートアップ企業は創業２〜３年の革新的なビジネスモデルを持つ企業を指すことが多い。

とにかく大量のユニコーンないしスタートアップ企業をつくれ、ということらしいのだが、ここに、国際特許の不安はないのだろうか。

国際特許の問題をクリアしない限り、ユニコーンないしスタートアップ企業はつくれても、モノづくりはできない。特許を持たずにできあがるユニコーンないしスタートアップ企業は、誤解を恐れずに言えば、ＩＴ関係の学生ベンチャーに過ぎない。ある時期が来たら当の学生たちはやめていく、小手先の根の浅いベンチャーだ。

根の浅いベンチャーというものもある時期には必要だろう。しかし、国際的に基本特許を取得している技術によってベンチャーが国内に富を還元する、という確かな根拠を持つ産業づくりを政府は目指すべきである。

「スタートアップ育成５カ年計画」は、おそらくそれを目指した計画のはずだが、資金の回し方そのものがそれを邪魔しているように見える。

宇宙開発ベンチャーが伸びているが、ロケット技術は半導体技術と密接な関係にある。ベンチャー企業を増やすならば、国が大学発ベンチャーに国際特許支援を行うことがモノづくりを確実に行わせるために最も有効なお金の使い方になるのではないか。

日本半導体産業の知られざる競争優位

ここで、現時点における日本の半導体製造企業の布陣を見てみよう。半導体の設計や製造のかたちが変わり、半導体業界は、垂直統合型からファブレス（設計に特化）企業・ファウンドリ（生産に特化）企業の水平分離型が主流になった。ところが、自前に固執した日本企業は製造部門の切り出しなどが難航し、英市場調査会社「Ｏｍｄｉａ」によると、2022年の日本の半導体の市場占有率は6・2%という。このように、凋落したことばかりが強調される日本の半導体産業だが、それは公正な評価ではない。

世界シェアの50%強をケイデンス・デザイン・システムズやシノプシスといった米国企業が押さえている半導体設計ソフトの分野はさておき、半導体製造において欠かせない領域がある。半導体材料、半導体製造装置、半導体製造の3領域だ。

第1章でも触れているが、筆者は講演などの際、よく、半導体材料を魚、半導体製造装置を包丁、半導体量産技術を腕のいい職人にたとえて話をする。半導体製造の高品質と先端度は、「活きのいい魚があって、よく切れる包丁があって、それらを使いこなせる腕のいい職人がいて初めて美味い刺身ができる」のと同じことである。

半導体製造の前工程では、シリコンウエハー、ウエハーの表面に成膜する際に必要になる洗浄液やガス、シリコンウエハー上に描画する回路の原版として用いられるマスクブランクス、露光工程で使う感光材のレジストやフォトマスク（表面の遮光膜にごく微細な回路パターンをエッチングした透明なガラス板）、エッチング工程で使うエッチングガスなど、多彩な材料が必要となる。

半導体そのものの出荷量を見ると、確かに日本企業の世界シェアは1割に満たない。しかし、半導体材料のシェアを見ると評価は一変する。

集積回路などの半導体に使われるシリコンでは、「99・999999999％」（イレブン・ナイン）という「超高純度の単結晶構造」が要求される。シリコンウエハーでは、信越化学工業、SUMCOといった日本企業がトップシェアを握り、両社で世界シェアの60％弱を押さえる。フォトマスクの世界シェアでは、TOPPANホールディングス（旧凸版印刷）と大日本印刷を合計すると5割近くになる。この2社のほかには、米フォトロニクスやHOYAも高いシェアを持つ。

HOYAは、マスクブランクス（フォトマスクの原版）の世界シェア70％を誇り、信越化学工業も参入している。また、最先端の露光装置EUV（極端紫外線）用マスクブランクスは、世界でＡＧＣ（旧社名：旭硝子）とＨＯＹＡの2社しか製造できないとされる。フォトレジスト（光や電子線などの作用によって溶解性などの物性が変化する組成物）では、ＪＳＲ、東京応化工業、信越化学工業、住友化学、富士フイルムの5社で世界シェア90％を占める。

ほかに昭和電工マテリアルズ、ＡＤＥＫＡ、住友ベークライト、味の素といった企業が半導体材料を製造しており、それぞれの企業すべてがシェアランキングのトップあるいは上位にいる。これら日本企業が製造する半導体材料の全体における世界シェアは少なくとも5割を超えるだろうという試算もある。

そして、半導体製造装置においては、日本には東京エレクトロンという世界に冠たる企業がある。東京エレクトロンは、オランダのＡＳＭＬ、米国のアプライド・マテリアルズ、ラムリサーチ、ＫＬＡと並ぶ半導体製造装置の世界5大メーカーのうちのひとつだ。

このように、半導体を製造するために必要な半導体製造装置、および、とりわけ半導体材料においては、日本企業が世界の市場を押さえているのである。日本の半導体産業の重要性は、死なずに生き残っているどころの騒ぎではない。

だからこそ、これらの企業群を外国為替および外国貿易法のコア企業に指定して中国への技術移転を規制していくことが経済安全保障の観点から必要になる。同時に、半導体産業の再興と言うより、むしろさらなる成長と日本の半導体業界における競争優位を保持するために、産業補助金などをはじめとする国家レベルでの支援が必要なのだ。

半導体材料に関しては、すでにトップを走っているから現状維持でも問題はない。半導体製造装置も、世界のサプライチェーンの重要な一角を担っている。

各論としてもうひと押しの部分があるとすれば露光装置である。露光装置のトップ企業はオランダのＡＳＭＬホールディングスＮ．Ｖ．だ。露光装置を製造する主な会社は世界に2社存在する。日本のキヤノンとニコンである。

２０２３年12月、キヤノンは実用化に成功した「ナノインプリントリソグラフィ装置」の発売を開始した。露光装置には収差を押さえるために複数のレンズが使われている。キヤノンの新技術はレンズを使用せず、発表時点で、5ナノメートル濃度相当と報じられているマスクを使い、回路形成ができる期待の新技術だ。

政府はキヤノンとニコンの露光装置事業統合を進め、「日の丸」露光装置会社を設立すべきである。ＪＳＲを取得する官民ファンドの産業革新投資機構が、この業界再編をできない理由はない。その実現は日本が露光装置を通じ、半導体製造装置の首根っこを押さえることになり、中国先端半導体の生殺与奪の権を握ることにも直結する。

日本の半導体産業は死んでなどいない、という趣旨の拙稿を、筆者はすでに『正論』に寄稿した（「半導体、通信復活で日本は世界覇権獲れ」『正論』2021年5月号）。この拙稿が掲載された直後、甘利明自由民主党税制調査会長（当時）が「半導体を制するものが世界を制する」として同年5月に発足し、会長に就任したのが「半導体戦略推進議員連盟（半導体議連）」である。

半導体議連は発足後、ただちに「5兆円を超える予算規模の政策を講ずることを表明している米国や欧州などの各国が、生産基盤を国内に囲い込む政策を展開している。日本でも国内製造基盤の再興のため、基金の設置を含め、予算措置を講ずべきだ」との決議を当時の菅義偉（すがよしひで）内閣に提出した。菅前首相は、この決議の意味を理解できたのか。

半導体議連の重要性は今後さらに増すだろう。2023年2月、同議連の甘利会長は経済誌『ダイヤモンド』のインタビューに応えて、「戦略物資である半導体の関連産業推進における官民10兆円確保へ責任を果たす」という趣旨の発言を行った。半導体産業に対しては10兆円程度の投資を政府レベルで行うことが必要になる、ということである。

そして、こうした支援の一部は、具体的に言えば、2023年9月、北海道千歳市において第一工場建設を着工した2022年設立の先端半導体メーカー「ラピダス」に向けられたものである。ラピダスが担うのは、まさに半導体量産技術であり、半導体製造における「腕のいい職人」の部分だ。

ただし筆者は、ラピダスにはもちろん大きな期待を寄せているが、前途多難であると予測する。

鳴り物入りの「ラピダス」が目指す2ナノの技術

ラピダスは先端半導体の国産化に向けて、２０２２年8月、トヨタ自動車、デンソー、ソニーグループ、ＮＴＴ、ＮＥＣ、ソフトバンク、キオクシア、三菱ＵＦＪ銀行の８社が総額73億円を出資して設立した株式会社である。

ラピダスに対しては２０２２年に７００億円、翌２０２３年に北海道千歳第一工場の建設への支援として２６００億円の政府補助が行われた。２０２４年末に操業開始が予定されている台湾ＴＭＳＣの九州・熊本工場に対して最大４７６０億円の助成が予定されるなど、半導体については政府も活発な動きを見せている。２０２４年2月24日には、ＴＳＭＣの日本国内初となる工場の開所式が行われており、日本半導体産業に弾みをつけるきっかけになることが期待される。

ラピダスの設立にしてもＴＭＳＣの熊本進出にしても、その目的は、半導体の国内生産を確かなものとして安定供給を実現するという経済安全保障の観点によるものである。

ラピダスの半導体事業における最大のセールスポイントは、回路線幅2ナノメートルの先端ロジック半導体の開発および、その量産だ。先述したように米国アップル社が2023年9月に発表したスマートフォン「iPhone 15Pro」に採用されているプロセッサ「Apple A17Pro」が回路線幅3ナノメートルを実現していることに世界は驚いたが、ラピダスはそれ以上の先端半導体の量産を2020年代後半には開始することを目標としている。

2024年の時点で、日本が国内生産できる半導体は最高でも回路線幅40ナノメートル程度である。これは、需要はともかく、技術的には1990年代の最先端だ。回路線幅2ナノメートルレベル半導体を量産する技術は日本にはまったくない。

日本の半導体技術が幅40ナノメートル程度で留まっている理由は、先に触れた日米半導体協定に基づく最低価格制度によって、価格競争で韓国や台湾に市場を奪われてしまったことにもよるが、それ以上に大きいのは、半導体製造分業化の潮流に乗り遅れたことにある。1980年代の中後半、半導体業界は、ファブレスと呼ばれる設計に特化した会社とファウンドリと呼ばれる生産に特化した会社とにわかれ、技術の先端化と生産の効率化を進めた。一方、日本の企業は、設計から生産まで一貫して自社で行うスタイルに固執した。

台湾TMSCが創業したのは1987年だが、日本がその頃に分業化を図って本格的なファウンドリを建てていれば、今、回路線幅2ナノメートルの半導体は国内生産できていたはずである。

また、日本は生産半導体総数の半分近くを自社製品用としていたがゆえに顧客を失った。半導体の需要の主流が家電からパソコンおよびスマートフォンへと移っていく状況下で、韓国のサムスン電子や中国のファーウェイ、レノボなどへのセールスに失敗した。

1999年に日立製作所とNECのDRAM事業部が統合して設立したNEC日立メモリを前身とするエルピーダは起死回生の一手だったが、2012年に経営破綻して翌年2013年に米国のマイクロン・テクノロジーに買収されたことはすでに述べた。メモリーの世界シェアの70％は現在、韓国のサムスン電子とSKハイニックスが握っているが、この2社には研究開発補助、投資援助といった韓国政府の強力なバックアップがあった。

日本の企業は良きにつけ悪しきにつけ、我こそはという意識が強すぎる。エルピーダをはじめ、不振を打開するために各企業が事業統合を盛んに図った時期があったが、開発も生産も相変わらず別個のままにやっているというのが実態で、戦略を定めて一定目標に向かって事業展開する意識も体制づくりも足りなかった、というのが筆者の分析だ。

それに加えて、韓国や台湾、中国は、国がリスクを取って半導体産業に投資をした。補助金制度を使って大規模な投資を支援したのである。

現在の半導体製造におけるマーケットの中心は、スマートフォンやパソコンの性能の核になる部品、ロジック半導体である。ロジック半導体に求められるのは、生成ＡＩなどの登場で今後ますます増大するであろうデータを高速に、しかも低消費電力で処理する最先端の性能だ。

こうした半導体を国内生産できない限り、今はまだ国内で頑張っている半導体材料や半導体製造装置の製造企業が拠点を海外に移してしまいかねない。そこで日本の半導体の歴史をふまえて設立されたのがラピダスであり、ラピダスが量産を目指すのは回路線幅２ナノメートルの先端半導体だ。

ただし、ラピダスには誰が回路線幅２ナノメートルの半導体設計を行い、誰が製造プロセス開発を行い、誰が量産体制をつくりあげるのか、という問題がある。つまりラピダスは先端半導体を量産した経験者がいないという問題を抱えているのだ。

まず、最高でも回路線幅40ナノメートル程度の半導体設計しかしていない日本で、回路線幅２ナノメートルの半導体を設計できる技術者がいるのか。台湾ＴＳＭＣは回路線幅３ナノメートルの半導体まで量産できており、３ナノメートルの半導体設計ができている限り、２ナノメートルの設計は、苦戦は強いられているにせよ、数字の近さにおいて現実性が十分にある。回路線幅40ナノメートルから２ナノメートルの間には、世代にして９世代の遅れがある。

ラピダスは、その世代遅れをいわば端折り、2027年には回路線幅2ナノメートルの半導体の生産を開始する、としているが、本当に可能なのだろうか。

ラピダスには数々の疑問点がある

筆者は、そもそも、ラピダスがなぜ第一工場を北海道の千歳に設定したのか、その点についても疑問を抱いている。というのも、北海道には半導体のインフラが乏しいからだ。インフラが乏しい、とは、かつて半導体を量産していた下請け工場がほとんど存在しない、つまり技術を持つ人がいない、ということである。

たとえば九州の大分県には、昔、東芝、ソニー、テキサス・インスツルメンツのメモリー半導体工場があった。大分県には、そうした企業の下請けを務めていた人たちがまだしっかりと暮らしている。

工場を建てるのであれば、半導体をさわった経験のある人たちがいる場所に建てる方がいいに決まっている。インフラのないところにいきなり工場をつくり、ゼロから立ち上げるのは効率的ではなく、リスクも高い。

また、北海道は中国人による土地買収が多い場所として知られている。外国資本による北海道の森林買収では中国人の割合が高く、宿泊施設などリゾート開発への中国資本の投資が新型コロナ禍を終えて再び増加している。千歳市には、2010年7月、株式会社ニトリホールディングスの子会社である株式会社ニトリパブリックによってつくられた中国人限定の分譲別荘地がある。新千歳空港と航空自衛隊千歳基地が一望できるその敷地は約6500平方メートルあり、中庭には大型衛星アンテナが設置されている（**写真参照**）。

各住宅の玄関には中国人名の表札があるが、人気（ひとけ）を全く感じない。住民が近くを通ると、中国人が出てきて「通るな」と脅（おど）される事例が頻発し、この地区の交番の出動件数が北海道内で第1位になったそうだ。住民に目撃されたら困るものでもあるのだろうか。このような場所で、国運をかけた最先端半導体を開発・生産する意図とは何なのか。

政治的にも親中の強い地域として知られている北海道に、中国が世界覇権を目指す上でノドから手が出るほどに欲しがっている先端半導体の基幹工場を持っていくセンスは疑われてしかるべきだろう。

いずれにしても、回路線幅40ナノメートルから2ナノメートルへと進むとした時、その9世代分の開発事実を端折ることはきわめて難しい。筆者はかつてある電機メーカーに在籍し、生産管理課で新製品立ち上げ業務を約2年半担当していた。この期間工場に勤務し

北海道千歳市の中国人専用住宅地に設置されている大型衛星アンテナ（写真：筆者提供）

ていたからわかるが、設計技術と生産技術はまったく別物である。

工場や研究室で引かれた設計図面通りの部品を生産して量産することはまずない。この部品の形状では量産できない、この材料は豊富ではないから変更する、などというように、とにかく量産を可能とするために、設計図面を生産用に変換する作業が行われる。この作業における知識と能力を生産技術という。

工場には、設計図面を生産に適した形に変換する生産技術者と呼ばれる人たちがたくさんいる。生産技術者は設計技術者と連絡を取り合い、１日に何万個もモノがつくれるように設計図面を変えるのである。

台湾ＴＳＭＣには、回路線幅３ナノメートルまでに至る開発経験を持った生産技術者が数多く存在する。同社は、世界最先端となる回路線幅１・４ナノメートルの半導体開発を進めている。同社の熊本工場では回路線幅６ナノメートルの半導体の量産が計画され、３ナノメートルもまた量産の視野に入っているという。

日本国内で製造できる半導体は線幅が40ナノメートル程度までで、40ナノメートル台の半導体は家電製品などを中心に使用されている。40ナノメートルから3ナノメートルの間には、28ナノメートル、22ナノメートル、20ナノメートル、16／12ナノメートル、10ナノメートル、7ナノメートル、5ナノメートルの線幅の半導体がある。

ラピダスは、28ナノメートル半導体の製造技術を実地でまず習得し、続いて22ナノメートルと3ナノメートルの技術を丹念に習得していくことが必要だ。日本の半導体産業が最先端製品量産まで行き着くためには避けて通れない、かつ一朝一夕では追いつけない道である。経産省官僚はこうしたモノづくりの基本をわかっているだろうか。ＩＢＭが協力することになっているから大丈夫だ、といった意見は説得力に欠けると言わざるを得ない。

高市早苗経済安全保障大臣のクリーンヒット

以上、日本の半導体産業の現状を見てきたが、経済安全保障についてはどのような状況にあるのだろうか。

２０２２年5月11日、「経済施策を一体的に講ずることによる安全保障の確保の推進に関する法律」、いわゆる経済安全保障推進法が成立し、同月18日に公布された。経済安全保障推進法は2024年内をかけて段階的に施行される。

経済安全保障推進法には次の4本の柱がある。

①サプライチェーンの安全強靭化、②先端物資の官民共同開発、③重要インフラの安全性確保、④秘密特許の実施

本書で特に話題としたいのは、「サプライチェーンの安全強靭化」の一環として整理・分類が行われた「特定重要物資」である。

特定重要物資の指定要件は、次の3つだ。

①国民の生存に必要不可欠な物資、②国民生活や経済活動に大きく影響を与える物資、③特定の国や地域に供給を依存している物資

特定重要物資として指定されると、安定供給を確保するために必要な設備投資や備蓄などにかかる費用の一部が補助される。また、国内での生産体制を強化したり、備蓄を拡充

したりする企業の取り組みにも国が財政支援を行う。

２０２２年11月22日、政府は、この特定重要物資を次の11の分野に関して指定される、ということを閣議決定した。

①半導体、②蓄電池、③重要鉱物、④航空機部品、⑤工作機械・産業用ロボット、⑥永久磁石、⑦天然ガス、⑧クラウドプログラム、⑨船舶部品、⑩抗菌性物質製剤、⑪肥料

この特定重要物資・分野リストを２０２３年、高市早苗経済安全保障大臣がさらに強化した。

まず、「③重要鉱物」にウランを追加した。原子力関連物資として欠くことはできないだろう。そして、特筆したいのは、追加の分野として「先端電子部品」を追加したことである。

これは実は、大変重要な意味を持つクリーンヒットである。半導体以外にも、日本は安全保障上きわめて重要な電子部品を生産しているが、２０２２年時点で閣議決定された特定重要物資から外れていたものがいくつかあった。

高市経済安全保障大臣は分野に「先端電子部品」を新設し、そこに「積層セラミックコンデンサ」（ＭＬＣＣ）を追加した。積層セラミックコンデンサは、スマートフォンや電気

自動車、医療機械、通信インフラをはじめ、もちろん軍用兵器にも幅広く使われており、電圧をある程度安定的に動かすのに必要な電子部品である。これからますます増産されなければならない、まさに重要物資だ。

世界の主な積層セラミックコンデンサは以下の５社である。日本の「村田製作所」「太陽誘電」「京セラ」、そして台湾の「ヤゲオ」「ウォルシン」である。

村田製作所は中国依存のままでいいのか

本書で問題としたいのは、日本３企業、「村田製作所」「太陽誘電」「京セラ」が中国とどういう関係にあるか、ということだ。注意して見る必要があるのは、次に掲げる日本３企業の中国に対する依存度である。数字は売上高に占める中国関連売上のパーセンテージだ。

・村田製作所……50・0％（売上高１６・８６８、中華圏関連売上８・４２５）
・太陽誘電……36・０％（売上高３・１９５、中国関連売上１・１４９）
・京セラ（※）……26・８％（売上高２０・２５３、中国関連売上５・４３５）
（金額単位：億円　２０２３年公表の各社有価証券報告書より著者算出）※中国では開示せず、アジアとして開示きわめて問題だと思われるのは村田製作所である。売上の半分を中華圏に依存しているということは、中国が日本産のホタテのように「もうＭＬＣＣを買いません」と言えば会社は潰れることを意味し、村田製作所は中国に生殺与奪の権を握られている状態にある、と言うことができる。

次いで、36％という依存度もやはり危ない域ではあるにしろ、太陽誘電は中国の常州に積層セラミックコンデンサの新工場を建設したほか、国内の群馬県高崎市にある八幡原（やわたばら）工場に新材料工場を建てて２０２３年から積層セラミックコンデンサの原材料であるチタン酸バリウムの製造を開始し、群馬県や新潟県、マレーシアなど国内外の６つの生産拠点に供給を開始した。マレーシアの新工場では、既存工場と合わせて、積層セラミックコンデンサの生産能力が約１・５倍に引き上げられているという。

京セラの場合、有価証券報告書では、アジア全体における売上状態が報告されている。アジアに対して26・８％だから、中国関連売上げの割合はこの数字よりも低いということになる。京セラはうまく脱中国をやりながら積層セラミックコンデンサをつくっていることがわかる数字だ。

京セラは５Ｇ通信機器用の積層セラミックコンデンサの増産を開始すべく、１５０億円

図表2　中国売上比率が高い半導体関連企業

順位	企業名	全売上に占める中国向けの割合(%)	事業
1	ブイ・テクノロジー	88.5	半導体製造装置
2	TDK	54.8	フェライトなど
3	村田製作所	50.0	積層セラミックコンデンサ
3	フェローテックホールディングス	50.0	真空シールなど
5	芝浦メカトロニクス	37.8	半導体製造装置
6	太陽誘電	36.0	積層セラミックコンデンサなど
7	日東電工	35.7	テープなど
8	ディスコ	35.0	半導体製造装置
9	東京精密	34.0	半導体製造装置
10	ソシオネクスト	33.0	SoC(System-on-Chip)の設計・開発および販売

出典：有価証券報告書に基づき作成

を投資して鹿児島の国分(こくぶ)工場に新工場を建設した。生産能力の約2割の引き上げを見込んでおり、2024年の稼働を予定し、2026年3月期には年間約200億円の生産能力確保を計画している。経済安全保障の観点から言えば、京セラは十分に合格点のつけられる事業展開を行っていると言えるだろう。

一方、村田製作所は2024年4月竣工予定で、2022年11月、中国江蘇(こうそ)省の無錫(むしゃく)市に、中国における生産子会社「無錫村田電子有限公司」の新生産棟の建設に着工した。投資額は約445億円と公表されている。

村田製作所は確かに生産拠点としては中国だけでなく、2023年8月にはフィリピンの生産子会社の新生産棟の建設に着工している。MLCCが「先端電子部品」に追加されたこととの関係は不明だが、日本国内では、島根県にある子会社「出雲村田製作所」の本工場の近くに新生産棟の建設を2024年3月から開始すると発表した。積層セラミックコンデンサの需要増加に対応していくとしている。

とはいえ、売上の半分を中国に依存しているのは、経営的にとても危険だ。先に触れた国防動員法第54条には「有事であると中国が認定すれば、外国資本の工場や物資を自由に接収し、かつ知的財産権を自由に使用することができる」ことが明記されている。さらに、同法第55条には「いかなる組織及び個人も、法による民生用資源の徴用を受忍する義務を有する」と書かれている。直近で最も可能性が高いのは台湾有事だが、その際には国防動員法が発動されて中国にある日本企業の工場は接収されることになるだろう。国防関係者からは台湾有事が2027年までに起こることを前提に、米軍はアジア・太平洋における防衛作戦を立案しているとも聞く。

また中国が、なぜ村田製作所の積層セラミックコンデンサを買うのかと言えば、先端の積層セラミックコンデンサをつくることのできる企業が中国には存在しないからである。一方で、中国政府は、すでに技術を吸収してしまったEVに使われる半導体は外国企業が製造したものではなく、中国企業が製造したものを使えという指示を出している。

一部の日本企業はいまだに中国を14億人の市場と見て期待しているようだが、中国の実態は日本の期待とはかなり違う。中国製造2049が達成され、技術さえ吸い取ってしまえば日本企業は用済みである。国営企業あるいは中国国内企業に部品、そして完成品をつくらせ、産業補助金をつけ、ダンピング（不当廉売）輸出をして世界の市場を奪うのが中国という国のやり方だ。

にもかかわらず、中国への依存率が高い日本の半導体企業は多い（図表2）。上位の企業は、チャイナ・ビジネス・リスクを取り過ぎていないか心配になる。

中国の技術者が日本の技術を盗み、自国で生産している

半導体からは離れるが、たとえば資生堂は中国に対する依存度がきわめて高い企業として知られている。資生堂には今、香料の配合といった独自のノウハウをすべて開示しろという圧力が中国当局からかかっていると聞く。

また、中国は2022年7月、日本を含む外国オフィス機器メーカーに対して、複合機などの設計製造の全工程を中国内で行うよう定める規制の導入を発表した。オリジナルの基幹技術をすべていただく方針である、ということだ。反発緩和のために翌2023年7月、中核部品の設計開発は中国で行われなければならないという条件については草案から

削除されるなどの一部撤回がなされたものの、技術移転という中国の目的は変わらない。

　これと同じことが村田製作所に対しても起こり得る。福井県に村田製作所の子会社があるが、この工場と同じ量産能力を持つ工場が中国にある。新製品の開発は確かに日本の福井で行っているが、同社の中国現地法人に勤務する中国人技術者が福井に来て、つくり方をすべて習得して帰って中国で量産する状況がすでにある。これは中国への「技術移転」ということにほかならない。

　村田製作所は「新製品の開発機能は日本にあるから大丈夫だ」と言う。しかし、現在の体制のままであれば、村田製作所が開発した先端積層セラミックコンデンサは開発後にすべて中国に技術移転され、中国で生産できることになる。中国に技術移転されるということは、きわめて高いリスクを伴うのだ。

　業界の実態がこうした状況にある中で、先述したように高市経済安全保障大臣は積層セラミックコンデンサを特定重要物資に指定した。特定重要物資に指定されるということは、補助金支援などによって設備投資などがやりやすくなる、ということを意味する。対中戦略において日本は米国と足並みを揃える必要がある中、村田製作所がどう対応するか、注目しておかなければならないだろう。

　視点を変えて言えば、特定重要物資に追加されるということは、積層セラミックコンデンサひとつをとってみても、その物資が確実に経済安全保障推進法の枠内、つまり安全保障の観点で見られる、ということである。高市経済安全保障大臣が行った特定重要物資の追加には、重要な技術の流出防止という点で非常に大きな意味がある。

ちなみに、国内のマスメディアではほとんど報道されなかったが、高市経済安全保障大臣は2023年4月、米国のシンクタンク「ボストン・グローバル・フォーラム」が主宰する国際賞「平和と安全のための世界リーダー賞」において、「AIWS世界リーダー賞」を受賞している。

AIWSは「AI World Society」の略であり、「AIとデータの経済安全保障に専念かつ迅速に行動し、AIアシスタントとチャットGPTの規制フレームワークの概念に基づいてAIガバナンスの規制フレームワークを作成する必要性の周知に貢献した」というのが授賞理由である。

同賞を主催するボストン・グローバル・フォーラムは、1975年から1979年、そして1983年から1991年、第65代と67代の米国マサチューセッツ州知事を努めた民主党の政治家マイケル・スタンリー・デュカキス氏らを中心として2012年に創立された、非営利のシンクタンクおよび国際公共政策研究グループだ。

実は、これもまた国内のマスメディアでほとんど報道されなかったが、同フォーラムの平和と安全のための世界リーダー賞は、安倍晋三元首相が2015年、主にサイバーセキュリティ戦略が評価されるかたちで受賞した賞でもある。高市経済安全保障大臣は安倍元首相に次ぐ、日本人2人目の受賞者だ。同賞の2022年の受賞者はウクライナのウォロディミル・ゼレンスキー大統領とウクライナ国民全員だった。

ボストン・グローバル・フォーラムという団体の評価には各論があるにせよ、日本の政治家が安全保障政策の面で海外から高い評価を受けたことについてほとんど国内報道がないのは大きな問題である。日本の多くの人がいかに安全保障に関心がないか、ということを物語っている。また、いかに多くの物事が安全保障の観点が抜け落ちたまま行われているか、ということでもある。

セキュリティ・クリアランス制度は時代の命令

ここで、2024年1月19日、「経済安全保障分野におけるセキュリティ・クリアランス制度等に関する有識者会議」が公表した資料を使いながら、セキュリティ・クリアランス(適格性評価)制度についても説明しておきたい。

《セキュリティ・クリアランス制度とは、国家における情報保全措置の一環として、政府が保有する安全保障上重要な情報として指定された情報（以下「ＣＩ」〈Classified Information〉という）にアクセスする必要がある者（政府職員及び必要に応じ民間事業者等の従業者）に対して政府による調査を実施し、当該者の信頼性を確認した上でアクセスを認める制度である（ただし、実際にアクセスするには、当該情報を知る必要性〈いわゆるNeed-to-Know〉が認められることが前提となる。また、民間事業者等に政府から当該情報が共有される場合には、民間事業者等の保全体制〈施設等〉の確認〈施設クリアランス〉等も併せて実施される）》

簡単に説明すると、「たとえば、この人に人工知能（ＡＩ）を始めとする軍民両用技術などの重要情報を開示しても、この人はこの重要情報を外部に漏らさないというお墨付きを政府が与える制度」のことだ。この制度の対象者は、政府職員と軍民両用技術に接する企業や研究所、大学などに属する者も対象になる。

主要7カ国（カナダ、フランス、ドイツ、イタリア、日本、英国、米国）で、唯一セキュリティ・クリアランス制度が整備されていない国が、日本である。

もともとセキュリティ・クリアランス制度は、２０２２年5月に成立した経済安全保障推進法に含まれていた。しかし、中国と親しいと言われる与党の一部がプライバシーの問題を持ち出して反対し、セキュリティ・クリアランス制度の導入を見送った経緯がある。
本書執筆時点では、高市経済安全保障推進担当大臣がセキュリティ・クリアランス制度導入に尽力した結果、２０２４年2月27日に内閣で閣議決定され、国会で審議されることになった。しかし、前述の勢力による妨害や骨抜きも懸念され、日本のセキュリティ・クリアランス制度の内容は確定していない。

米国では、２００９年にオバマ大統領が発した大統領令第１３５２６号に基づいて、情報が国家機密指定される。指定された情報は、国家安全保障に関連する科学的技術的経済的事項や国家安全保障に関連するシステム、施設、社会基盤、プロジェクト、計画、防護サービスの脆弱(ぜいじゃく)性、または能力などが含まれる。

機密情報は、３つのレベルに分類される。

①「機密（top secret）」:「例外的に重大な損害」が引き起こされる情報
②「極秘（secret）」:「重大な損害」が引き起こされる情報
③「秘（confidential）」:「損害」が引き起こされる情報

セキュリティ・クリアランスなどの情報保全は、③＜②＜①と厳しくなる。なお、この大統領令では、例外的に高いレベルの機密保全が必要となる情報「機微区画情報」もある。
米国のセキュリティ・クリアランス制度の審査手順の概要は、法政大学人間環境学部の永野秀雄教授によると、以下のとおりである。

第一段階：個々の行政機関により、ある職が機密情報に日常的にアクセスする国家安全保障職等に該当すると判断される場合には、どのレベルの機密情報にアクセスするセキュリティ・クリアランスが必要となるかを決定する。
第二段階：セキュリティ・クリアランス制度における申請手続。
第三段階：身上調査機関による調査。国防総省の国防カウンターインテリジェンス・保全庁（DCSA）」が、身上調査等を行う。

なお、セキュリティ・クリアランスの調査では「米国への国家忠誠」「外国の影響」「外国の利益を優先する傾向」「性行動」「個人的行為」「財産に関する配慮」「アルコール消費」「薬物への関与又は誤使用」「精神状態」「犯罪行為」「保護された情報の取扱い」「業務外活動」「ITシステムの使用」について総合的に審査される。

第四段階：調査依頼を行った行政機関の保全決定担当官が、当該個人にセキュリティ・クリアランスを認定すべきか否かを決定する。セキュリティ・クリアランスが認められなかった個人は、当該決定に不服申立てを行うことができる。セキュリティ・クリアランスが認められた個人は、定期的再調査が必要となる。その期間は、①機密の場合は6年、②極秘の場合は10年、③秘の場合は15年である。

セキュリティ・クリアランス制度の導入が必要になる理由は、外国の工作員から国家安全保障に直結する重要機密情報を守る必要があるからだ。工作員は、ヒューミント（人的諜報）やサイバー空間を通り、機密情報が保存されたクラウドなどのセキュリティを突破し、機密情報を盗み出す。

テレビや新聞などのメディアが「情報が漏洩した」と報じたときには、「情報が盗み取られた」と読み替えてほしい。これら機密情報の窃取リスクを低減するには、政府が、機密情報にアクセスできる者をセキュリティ・クリアランス制度で認定し、工作員の疑いがある者が機密情報へのアクセスできなくすることが有効である。

米国では、民間企業を対象とする3つ（以下の一から三）のセキュリティ・クリアランス制度が別にある。米国では、民間企業は国とは別の独立した法人でありながら、国家安全保障などにかかわる製品やサービスを国と共同で行う。この場合、国の機密情報を民間企業と共有して業務を遂行することになるからだ。

一．本人が同意したうえで行われる、民間企業等の機密情報を扱う取締役・従業員等に対するセキュリティ・クリアランス
二．当該民間企業の施設からの機密漏洩を防ぐための施設クリアランス
三．外国人投資家や株主により、国家と機密情報を共有する民間企業等が支配され、機密情報への不正取得や懸念国などへ盗み出されることを防ぐ規制が設けられている

米国の学術界に対するセキュリティ・クリアランス制度については、１９８５年にレーガン大統領が発した国家安全保障決定指令第１８９号が適用される。米国の研究機関や大学における連邦政府資金を受給された基礎研究の成果の中で国家安全保障上管理する必要があると判断されたものは、事前に各行政機関が秘密指定制度を適用するかどうかを決定する。機密指定制度の対象となった場合、①研究機関、大学、民間企業で研究施設に対する施設クリアランス実施と、②関係者に対して人的セキュリティ・クリアランスを行う。

内閣府によると、米国でのセキュリティ・クリアランス資格取得者は４００万人を超え、

その内訳は、官が7割、民が3割とされる。

セキュリティ・クリアランスの資格を取得する際に行われる身上調査が、プライバシーの問題にあたると主張する人がいるが、本人の承諾を得て身上調査を実施するのだから、この批判は的外れである。身上調査されて困る事情のある人は、セキュリティ・クリアランスを拒否すれば資格は付与されないが、身上検査は受けずにすむ。

国家安全保障の脅威になる機密情報は身上調査を経て、閲覧できる者を区別することが必要である。法令でセキュリティ・クリアランス制度を規定することで、セキュリティ・クリアランス制度が法令に基づく制度となり、機密情報にアクセスする従業員の人事上の公平性も担保できる。セキュリティ・クリアランス制度に反対する人と同調するメディアの中には、国会で特定機密保護法が審議されたときのように恐怖心を煽る風説を流布する者が出るだろう。国益に反する風説の流布に惑わされないことが必要だ。ともかく、セキュリティ・クリアランス制度の導入は経済安全保障を強化する一環として待ったなしの状況にある。

第5章

中国とずぶずぶな関係の日本の大学

——日本人学生が中国に目をつけられている！

「国防七校」や「兵工七子」からやってくる危険な中国人留学生

中国への技術流出は民間企業においてのみ問題とされるべき事案ではない。日本の場合は学術界において、さらに深刻な問題を抱えているのである。中国には、国務院の国家国防科技工業局が監督する人民解放軍系大学があり、日本の大学が提携し、留学生を受け入れている。

中国が留学生を積極的に受け入れる経緯に関しては、近年の中国の動きを振り返る必要がある。

「資本主義の道を歩む実権派をたたくこと」「思想、文化、風俗、習慣における四旧を打破すること」を二本柱とし、1966年に本格化した文化大革命は、1976年、主導者・毛沢東の死で、累計数百万人から2000万人以上とも言われる国民の殺戮（さつりく）と、国民総生産（GNP）の30％以上の下落という経済的大打撃をもって終わる。

1978年、毛沢東死後の権力闘争に勝利した鄧小平（とうしょうへい）が事実上の中国最高指導者となって改革開放路線を実行し、翌1979年には米国との国交を回復した。改革開放路線の対外的な売り物は、当時の人口10億人を超える巨大市場と安価な労働力だった。鄧小平は西側諸国からの工場誘致を盛んに行う。

関税の低減と数量の原則無制限を含む自由貿易、無差別的貿易、多角的通商体制を原則として経済のグローバル化を目指す世界貿易機関（ＷＴＯ）が１９９５年に発足し、米国が展開する対中関与政策の一環として２００１年、中国もまたＷＴＯに加盟した。ここに中国は、いわゆる「世界の工場」としてグローバル・サプライチェーンに組み込まれたわけである。

当初、「世界の工場」が生産していたのは繊維をはじめとするローテク製品だったが、徐々に通信機器をはじめとするハイテク製品がその割合を増やしていく。西側諸国は中国企業との合併会社の設立、現地生産という状況を通して、自国の先端技術を次々に中国に移転していった。

名目ＧＤＰ（国内総生産）において中国が日本を抜いて世界第2位となったのは２０１０年のことである。経済成長を続ける中国は２０１５年、産業政策「中国製造２０４９」を発表する。その内容は、中国は２０４９年までに米国に替わり、10の分野で世界最強製造国となる、というものだ（詳細は第2章）。

中国において経済成長は軍事力成長のためにある。習近平政権は２０１７年頃からあからさまに「軍民融合政策」を掲げるようになった。軍民融合政策とは、民間企業を通じて外国の技術を含む重要・新興技術（軍民両用技術）の取得・転用を推進する政策である。
そして、「外国の技術を含む重要・新興技術（軍民両用技術）の取得・転用」を行うのは民間企業ばかりではない。

中国では大学組織もまた軍民融合政策の枠内にある。それを代表するのが、国家国防科技工業局（国防科工局）の監督下にある「国防七校」と呼ばれる7つの大学だ。国家国防科技工業局は、活動詳細は極秘となっているものの、軍需企業政策の監督任務を司る（つかさど）とされている中国主要行政機関のひとつである。

「国防七校」は**図表3**にあるように「軍需企業集団」と呼ばれる軍産複合体の各企業とともに先端兵器を開発するための大学である。軍需企業集団は財閥のようなひとつのグループであり、その中には民生企業と軍事企業が混在している。

例えば中国電子科技集団には、世界有数の防犯カメラメーカーであるハイクビジョンが入っている。中国兵器装備集団公司には、長安汽車集団という自動車メーカーも入っている。中国には民生品を生産販売しているが、実は軍産複合体の一員であるという企業がいくつもあるのだ。先端兵器を開発するための大学「国防七校」（**図表4**）は、英語で「The Seven Sons of Defense」と呼ぶ。「国防七校」の別名、「国防七子」から来ている。

また、「国防七校」とは別の枠組みとして、中国には、旧兵器産業省直属の「兵工七子」

図表3　中国の主要軍産複合体（軍需企業集団）

名称	分野	備考
中国航天科技集団有限公司	ミサイル·宇宙	国有企業
中国航天科工集団公司	同上	前身は、国防部第五研究院
中国核工業集団公司	核・原子力	中央企業
中国航空工業集団有限公司	航空	国有航空機製造企業グループ
中国船舶集団有限公司	同上	国有持ち株会社
中国兵器工業集団有限公司	陸上	
中国兵器装備集団公司	同上	傘下に長安汽車集団などの自動車メーカー
中国電子科技集団	電子·情報通信	傘下にハイクビジョンなど
中国電子信息産業集団	同上	

と呼ばれる軍需産業のための7つの大学がある（**図表5**）。旧兵器産業省の旧兵器とは、榴弾砲やミサイルといった旧来の兵器のことである。

「国防七校」が智能化戦争の主役となる先端的兵器の開発にあたるのに対して、「兵工七子」は大陸間ミサイル、打ち上げロケット、戦車装甲、榴弾砲、ロケットランチャーといった兵器の開発を担当していると見られている。**図表4、5**を見るとわかるが、北京理工大学と南京理工大学は「国防七校」と「兵工七子」の両方に属する。

日本の学生をターゲットにした中国

産業政策「中国製造2049」によれば、中国は半導体の分野で世界最強の国を目指しているという。その証拠に同国の国家統計局によれば、2022年、中

図表４　「国防七校」の概要

国防七校	概要
北京航空航天大学	1952年、清華大学、北洋大学、厦門大学、四川大学など8つの大学や学院の航空学部と学科を合併して「北京航空学院」として設立。1988年に現在の校名に改称。中国唯一の航空専門大学。蓄積された高い航空技術と専門人材を育成
哈爾濱工業大学	1920年に創設。前身は「ハルビン中国ロシア工業学校」で、1938年、ハルビン工業大学と名称変更。2000年、ハルビン建築大学と合併し、現在の哈爾濱工業大学となる
北京理工大学	1939年、延安に設立された「自然科学研究院」が前身。幾つかの改称、再編を経て1988年、北京理工大学に改称。中国共産党が創立した最初の理系大学。国防分野の高級科学技術人材を育成する重要拠点。李鵬、曽慶紅などを輩出
哈爾濱工程大学	1953年に「中国人民解放軍ハルビン軍事工程学院」として設立。1970年、海軍工程学院を母体として船舶工学部を編入。1994年に「哈爾濱工程大学」に変更。洋工学系が中心。中国が東北地区の重要産業として位置づける船舶工業、海軍装備、海洋開発、原子力エネルギー応用分野の専門人材の育成と科学研究を重視。教育部及び黒竜江省政府と中国海軍の共同運営
南京航空航天大学	1952年設立の「南京航空工業専科学校」が前身。中国で最も早期に設立された航空大学の1つ。航空工学に強みを持つ。中国の最初の無人大型地上誘導機、無人核実験サンプル採集飛行機などの多くの航空分野の研究成果がある
南京理工大学	1953年に創設された中国軍事科学技術の最高峰である「中国人民解放軍軍事工程学院」（通称「ハルビン軍工」）が前身。その後独立し、改称を重ね1993年に南京理工大学となる。前身が中国人民解放軍軍事工程学院であり、兵器科学及び運用技術等の分野の研究と教育に特色。中国国内で「兵器技術人材の揺りかご」といわれる
西北工業大学	1938年、北洋工学院、北平大学工学院、東北大学工学院、私立焦作工学院が統合して「国立西北工学院」が設立。1957年に「華東航空学院」と合併。1970年に「ハルビン軍事工程学院空軍工学部」と合併して西北工業大学となる

図表5　「兵士七子」の概要

兵工七子	概要
長春 理工大学	中国科学院が1958年に創立した長春光学精密機械学院が前身。2000年、長春建築材工業大学を編入。2002年に長春理工大学に改称。吉林省直轄の重点大学。光学及び電気分野の先端技術を駆使した研究開発が強みで「光学英才の揺りかご」と称される
瀋陽 理工大学	1948年に創立の東北軍工専門学校が前身。1960年に瀋陽工業学院に改称。2004年、瀋陽理工大学となる。遼寧省人民政府に属する工学を主体の総合大学。国家国防科技工業局、中国兵器装備集団公司、中国兵器工業集団公司が遼寧省政府と共同で運営管理。兵器製造技術等の国防分野に特徴を持つ工科大学
中北大学	1941年創立の太行工業学校（兵工学校）が前身。1949年、華北兵工職業学校に改称。華北兵工工業学校、太原機械製造工業学校を経て1958年に太原機械学院。1993年、華北工学院に改称。2004年から中北大学となる。 山西省人民政府と国防科技工業局が共同運営する地方重点大学。国防関連の兵器装備に関する研究に特色。中国兵器工業中心実験室とシステム識別診断技術研究所は国家国防科学技術の重点実験室である
西安 工業大学	1955年創立の西安第二工業学校が前身。1956年、西安儀器製造工業学校、1960年、西安儀器工業専科学校、1965年、西安工業学院と変遷し、2006年に西安工業大学に改称。 陝西省人民政府に属し国家国防科技工業局、中国兵器工業集団が共同運営する地方重点大学。中国西北地区で唯一の兵器工学を主体として理学、文学、経済学、法学等を備える総合研究型大学である。旧兵器工業部直属7大学の1つで、陝西省武器装備科学研究生産機関として秘密保持資格を認められており、軍民結合の国防科学研究分野に特色がある
重慶 理工大学	中央政府と地方自治体が共同で設立した学部高等教育機関。前身は、1940年に設立された国家政府兵器局の第11工科学校。1949年重慶理工大学に改名。1965年重慶工業大学に改名。1999年に中国兵器産業総公司により重慶市管理に移管。2001年、修士号を授与する権利を取得。2009年に教育省の承認を得て、重慶理工大学に再改名
南京 理工大学	図表4「国防七校」の概要を参照
北京 理工大学	図表4「国防七校」の概要を参照

国の半導体研究開発支出総額は３兆元（４２３６億ドル、約60兆円）を超えた。

中国は半導体において7割の国内生産を目指しているが、半導体のサプライチェーンは世界中に張り巡らされていて複雑であり、各製造段階では高度な技術的専門知識が必要となる。そして中国には多くの点で必要な専門知識が欠けている。米国の対中半導体規制は、そうした中国の弱点を突いたものでもある。

中国における現在の大きな問題は人材不足である。政府系シンクタンクの中国電子信息産業発展研究院（ＣＣＩＤ）と、北京大学といった大学を含め１００以上の企業および組織からなる中国半導体産業協会（ＣＳＩＡ）が共同作成した白書では、２０２３年の時点で半導体産業の人材が推計20万人不足している、と報告されている。

中国は人材不足に対して、台湾あるいは韓国からの産業スパイ的な技術者引き抜きを含めた解決策を模索してきたが、結果的に対策不十分だった。人材が充当できなければ、半導体分野での世界制覇の野望を達成することはできない。

そこで中国は次世代の人材、つまり学生に目を向けた。２０１５年以後、中国は大学において半導体業界で必要とされている超小型電子技術、超微細化技術の専門家の育成を任務とする人材の育成を加速させている。清華大学、北京大学、復丹大学などの9校が、集積回路の設計、製造、パッケージング、性能テスト、ならびにＣＰＵや半導体材料の技術者育成計画を発表。また、大連理工大学や福州大学などの比較的知名度の低い17校も同様の育成計画を実施している。こうした半導体教育は中国政府からの圧倒的な政策支援によって強化されてきた。

２０２０年12月30日、国務院学位委員会と中国教育省は、大学院プログラムの14番目の科目カテゴリーとして「学際的研究」を発表した。学際とは、複数の学問を連携・融合させることである。中国における学際とは「集積回路科学・工学」と「国家安全保障研究」、つまり軍事との連携であり、融合を意味していた。

中国政府は集積回路業界と大学との間の協力を求めている。大学側が統合プログラムを策定することを奨励し、それを採用する企業側は特定の要件を満たせば経済的インセンティブの恩恵を受ける。こうした中国の取り組みの成果のひとつが、中国から発信される論文の数と、その評価に表れた。

２０２３年2月、米サンフランシスコで開催された半導体回路関連会議「国際固体素子回路会議（ＩＳＳＣＣ ２０２３）」における採択国・地域別の論文数で、中国が米国を上回り、70年にわたるＩＳＳＣＣ史上、初めて首位となった。提出された論文の数も、中国の大学と企業の論文が総数の30％を占めた。採択された論文は、大学レベルではマカオ大学が15件、清華大学が13件、北京大学が6件だった。

半導体開発に注力している中国の主な大学と、その概要は**巻末参考資料3**を参照して欲しい。

注目しなければいけないのは清華大学と北京大学である。国家を代表するトップツーの大学が積極的に半導体に取り組んでいる、ということだ。また、南京集積回路大学といった、そのものズバリの名の大学もある。企業の専門家を相手に半導体に特化した特殊な教育と研究を行っている大学だ。

中国が狙う日本の大学に眠る半導体技術

かつて1980年代、日本は半導体分野で世界をリードしていた。その名残とも言える技術、それもきわめて優れた技術が日本の大学や研究機関に残っている。

筆者自身、2020年に研究所機能を持つ半導体ベンチャー企業から資金調達の依頼を受けたことがある。同企業は東京大学の半導体の技術をベースにしており、当時の時点で回路線幅5ナノメートルの半導体を研究所レベルで試作できていた。しかし、どの日本の電機メーカーもこの技術の重要性に気づくことなく、見向きもしなかった。

日本の半導体企業が現在生産できる最も細い回路線幅は40ナノメートルである。最新のスマートフォンや人工知能機器に使われる回路線幅9ナノメートル以下の半導体は、その60％以上が台湾で生産されている。日本は「10年遅れ」の状態だ。

日本の半導体人材は、21世紀に入ってからの20年あまりで40％近く減少した。2023年6月、電子情報技術産業協会（JEITA）は、キオクシアをはじめとする国内主要8社だけで、今後10年間で少なくとも4万人の人材が不足する見通しを発表した。こうした状況に対しては、2022年末に設立された研究開発拠点「技術研究組合最先端半導体技術センター（LSTC）」を中心に国内外の教育・研究機関との連携が組まれ、次世代半導体の設計・製造を担う人材育成基盤の強化が早急になされようとしている。

大学もまた地域一丸となった半導体教育および研究の改革に挑んでいる。台湾TSMCの熊本県進出を受け、熊本大学は2024年度から、データサイエンスをベースにした新学部「情報融合学環」と、半導体人材の育成に特化した「半導体デバイス工学課程」を設けることを決定した。

優れた半導体技術が、わが国の大学や研究所に眠っているのである。これらの動きを**巻末参考資料4**にまとめた。

将来の技術者育成という観点では、文部科学省の「次世代X-nics半導体創生拠点形成事業」として2031年度まで、東京大学と東北大学、東京工業大学が中核となって半導体産業を牽引する次世代人材を育てるプロジェクトが進む。

東京大学は半導体を自動設計するプラットフォームを考案し、開発期間とコストを10分の1に減らす研究に着手している。工学博士の黒田忠広東大教授は「半導体を『民主化する』ことがイノベーションを加速する」として、半導体人材を10倍に増やす目標を掲げている。

東北大学は新規の半導体メモリー技術である「スピントロニクス技術」を中心に、光や神経科学、トポロジー（回路の構成方法）などを融合した新型の省電力半導体開発にあたる。東工大は広島大学や豊橋技術科学大学などと協力して、電気自動車や仮想現実の次世代技術である拡張現実（AR）といった新市場に向け、環境負荷の低い半導体の研究開発に入っている。

2021年に政府が創設した、大学の研究力を高めるための10兆円規模の大学ファンドがある。2023年9月、文部科学省は、その初の支援対象候補に東北大を選んだ、と発表した。東北大は半導体において著名研究者を輩出していることで知られる大学だ。2018年から同大学総長を務める工学博士の大野英男教授は、省エネルギーの次世代半導体を実現するスピントロニクス技術の研究における世界第一人者である。

そして、問題はここからである。中国が、間近にあるこうした宝の山を放置しておくはずがない。

半導体の研究開発に注力する中国の大学と日本の国公立私立大学との提携関係はどうなっているだろうか。文部科学省の公表資料からまとめた一覧が**図表6**である。特に、東北大学と提携する中国の大学が多いことに注目する必要があるだろう。

中国が**図表6**にある日本の各大学と提携して留学生を送り込み、日本が持つ半導体関連技術を盗み出して帰国後に軍事転用したり、マルウェアを忍ばせた安心・安全とは言えない半導体を組み込んだ製品を世界中にばらまこうとしたりしていることは明らかである。つまり、中国の大学との提携は、軍民融合政策の国から来日した中国人留学生に日本由来の半導体技術を研究させる、ということにほかならない。

技術進歩のスピードと中国における半導体自給の必要性の高まりを考慮すれば、半導体分野における中国の人材不足ジレンマは将来にわたり、しばらく重大な問題であり続ける可能性が高い。中国は今後さらに強烈に日本の学術界を狙って留学生を送り込んでくるだろう。

図表6の中国の大学から留学生を受け入れることは、日本由来の機微技術が軍事転用されることを意味し、国家安全保障問題と直結する。国家情報法の法的義務を負担する中国人留学生が日本の学術界から半導体技術を盗み出して軍事転用に活用する、あるいは日本

図表6　中国の半導体強化大学と提携する日本の大学

中国の大学	日本の大学
中国科学院半導体研究所	東北大学、名古屋工業大学
西安交通大学	北海道大学、東北大学、筑波大学、群馬大学、埼玉大学、千葉大学、新潟大学、福井大学、名古屋大学、名古屋工業大学、豊橋技術科学大学、京都大学、大阪大学、神戸大学、和歌山大学、岡山大学、広島大学、山口大学、徳島大学、愛媛大学、九州大学、県立広島大学、北九州市立大学、慶應義塾大学、東京理科大学、法政大学、早稲田大学、同志社大学、立命館大学、福岡大学、沖縄大学
華中科技大学	北海道大学、室蘭工業大学、東北大学、秋田大学、東京工業大学、新潟大学、静岡大学、名古屋大学、豊橋技術科学大学、京都大学、神戸大学、広信大学、九州大学、大分大学、琉球大学、会津大学、東京都立大学、高知工科大学、日本興業大学、上智大学、法政大学、神奈川大学
清華大学	北海道大学、岩手大学、東北大学、秋田大学、筑波大学、千葉大学、東京大学、東京工業大学、横浜国立大学、新潟大学、上越教育大学、金沢大学、北陸先端科学技術大学院大学、福井大学、名古屋大学、名古屋工業大学、三重大学、京都大学、大阪大学、神戸大学、広島大学、愛媛大学、九州工業大学、九州大学、熊本大学、秋田県立大学、東京都立大学、上智大学、成城大学、大東文化大学、中央大学、法政大学、早稲田大学、亜細亜大学、武蔵野学院大学、学習院大学、慶應義塾大学、芝浦工業大学、同志社大学、立命館大学、大阪工業大学、摂南大学、就実大学、就実大学、東亜大学
北京大学	北海道大学、東北大学、筑波大学、千葉大学、東京大学、東京工業大学、新潟大学、金沢大学、北陸先端科学技術大学院大学、名古屋大学、豊橋技術科学大学、京都大学、大阪大学、神戸大学、島根大学、岡山大学、広島大学、九州大学、熊本大学、下関市立大学、城西国際大学、学習院大学、慶應義塾大学、上智大学、中央大学、法政大学、明治大学、早稲田大学、亜細亜大学、創価大学、北陸大学、同志社大学、立命館大学、関西大学
深圳大学	大阪大学、熊本大学、大分大学、会津大学、大阪市立大学、高知工科大学、明治大学、創価大学、札幌大学、札幌国際大学、神奈川大学、立命館大学、熊本学園大学
深圳理工大学	なし
南京集積回路大学	なし

中国の大学	日本の大学
復旦大学	北海道大学、東北大学、筑波大学、宇都宮大学、群馬大学、千葉大学、東京大学、富山大学、静岡大学、名古屋大学、名古屋工業大学、京都大学、大阪大学、神戸大学、広島大学、九州大学、長野大学、島根県立大学、学習院大学、慶應義塾大学、上智大学、成城大学、中央大学、東海大学、早稲田大学、亜細亜大学、成蹊大学、創価大学、神奈川大学、愛知大学、同志社大学、立命館大学、大阪学院大学、大阪経済法科大学、関西学院大学、奈良大学、松山大学
澳門大学	筑波大学、福井大学、熊本大学、神戸大学、国際教養大学、北九州市立大学、長崎県立大学、早稲田大学、桜美林大学、帝京大学、創価大学、多摩大学、慶應義塾大学、上智大学、芝浦工業大学、名城大学、立命館大学、関西学院大学、天理大学、志學館大学、立命館アジア太平洋大学、沖縄国際大学

文部科学省「海外の大学との大学間交流協定、海外における拠点に関する調査結果 R2」より筆者作成

の半導体産業の競争力を落としたりすることは、彼ら留学生にとっては当然の行為である。日本の学術界からの半導体関連技術の流出防止対策は喫緊の課題だ。

参考までに、米国のエンティティリストに掲載されている中国の大学と研究機関を挙げておこう。

《四川大学、中国電子科学技術大学、中国電子技術集団公司（CETC）第54研究所、北京工業大学、北京郵電大学、北京航空航天大学、南西電子工学研究所、西北工業大学、広州国立スーパーコンピューティングセンター（NSCC-GZ）、中山大学、国立防衛工科大学（NUDT）、ハルビン工業大学、ハルビン工程大学、合肥国立マイクロスケール物理科学研究所、南京航空航天大学、南京理工大学、天津大学、新疆警察大学》

これらの大学ないし研究機関との提携あるいは取引には安全保障上の問題がある、ということを肝に銘じておきたい。

「国防七校」の2校から名誉教授称号を授与された池田大作

「国防七校」に話を戻すが、当然、米商務省安全保障局のエンティティリストに掲載されている。リスト掲載対象に対して製品輸出、技術移転を行う場合には同局への認可申請が義務付けられる。ということは、原則的に「国防七校」に対する技術情報の提供は禁止である。日本にも、このエンティティリストに該当する「外国ユーザーリスト」というものがあり、経済産業省が発行している。大量破壊兵器などの開発の懸念が払拭されない外国所在の団体をリストアップしたものだ。

「外国ユーザーリスト」には「国防七校」のうち、2022年時点で5校が掲載されている。つまり、2校が抜け落ちている。

抜け落ちているのは、南京理工大学と南京航空航天大学だ。特に南京理工大学は「国防七校」でもあり、「兵工七子」でもある、中国の軍需産業界できわめて重要な位置にある大

図表7　「兵工七子」と提携する日本の大学

〈長春理工大学〉
北海道大学、山形大学、千葉大学、岡山大学、広島大学、香川大学、立命館大学、京都情報大学院大学、岡山商科大学、長崎外国語大学

〈瀋陽理工大学〉
久留米工業大学

〈中北大学〉
大阪大学

〈西安工業大学〉
宇都宮大学、大阪教育大学、城西国際大学

〈重慶理工大学〉
東北大学、福島大学、神戸大学、山口大学、宮崎大学、立命館大学

〈南京理工大学〉
東京農工大学、東京理科大学、早稲田大学、創価大学、福岡工業大学、京都情報大学院大学

〈北京理工大学〉
千葉大学

学である。

宗教法人創価学会の当時第3代会長の池田大作氏が設立した、創価大学敷地内にある公益財団法人東洋哲学研究所の公式ウェブサイトを見ると、とても興味深い事実がわかる。「名誉学術称号一覧」という、池田大作氏に授与された名誉博士号・名誉教授称号が年別に409件紹介されているのだが、その中になんと「国防七校」の2校が登場しているのだ。

1件目は2007年4月にハルビン工程大学（哈爾濱工程大学）から、2件目は2014年10月に南京理工大学から名誉博士号・名誉教授称号が授与されている。

哈爾濱工程大学はすでに「外国ユーザーリスト」に掲載されているものの、南京理

工大学はリストからは外されている。繰り返すが、南京理工大学は「国防七校」であり「兵工七子」でもある。

そして、創価大学は南京理工大学と提携している。「兵工七子」と提携している日本の大学の一覧を見てほしい（**図表7**）。

大学における提携とは、一般的に「研究分野での、教授や研究者の交換などによる相互協力」「学生間の交換留学制度の保持」などを意味する。

「兵工七子」と提携する日本の大学は、中国の軍民融合政策ならびに国家情報法第七条に基づき、中国国籍の学生ないし研究者から、いつ研究結果を抜かれ、軍事転用されてもおかしくない状態にある、ということになる。

創価大学が提携する南京理工大学が経済産業省の「外国ユーザーリスト」に掲載されていない事実は、連立与党の公明党に対して自民党が忖度（そんたく）した結果ではないか、と見る識者もいるが、いずれにしても由々しき事態と言える。

神谷宗幣参議院議員の戦略的な「質問主意書」

「外国ユーザーリスト」に国防七校のうちの2校が掲載されていない件について、202

3年5月23日、ユニークな動きがあった。

参政党代表の神谷宗幣参議院議員が「我が国の防衛技術開発を忌避する日本学術会議が中国の軍事技術開発を担う国防七校と我が国の大学機関との共同研究等の提携を不問にしている矛盾に関する質問主意書」の四として内閣に提出したのだ。神谷議員は次のように文書で質問した。

《四　米国では、商務省産業安全保障局が発行する貿易上の取引制限リスト（エンティティリスト）があり、国防七校全てが掲載され、輸出管理の対象になっている。ところが、我が国の外国ユーザーリストには、七校のうち五校だけが掲載され、南京航空航天大学及び南京理工大学が記載されていない。この二校を外国ユーザーリストに掲載せず、経済産業大臣の輸出許可申請を不要としている理由を説明されたい。また、この二校を外国ユーザーリストに掲載する予定があるか示されたい》

同年6月2日に提出された岸田首相、つまり内閣が閣議決定した該当の質問に対する答弁は次の通りである。

《四について
御指摘の「外国人ユーザーリスト」は、経済産業省が、大量破壊兵器等の開発等に関与している懸念が払拭されないと判断した団体を選定し、公表しているものであるが、お尋ねの南京航空航天大学及び南京理工大学を含め、個別の団体の掲載理由及び今後の掲載可能性については、安全保障に係る輸出管理の実施に支障を来すおそれがあることから、お答えすることは差し控えたい。
なお、該当リストに掲載されていないことをもって、外国為替及び外国貿易法（昭和二十四年法律第二百二十八号）第四十八条第一項に規定する経済産業大臣の許可が不要となるわけではない》

実は、神谷議員の質問主意書には、戦略的な面も含まれていた。冒頭で神谷議員は次のように質問している。

《一　文部科学省は、令和二年度に国防七校から前文で示した我が国の大学に何名の留学生が派遣されたかを把握しているか。把握している場合は、各大学の留学生の人数を回答されたい》

つまり、この質問の核心は、日本の大学は本当に国防七校と提携しているのか、それを確認することにあった。内閣の答弁書は次の通りである。

《一について

文部科学省が実施した「大学における教育内容等の改革状況調査（令和二年実績）」によると、御指摘の「前文で示した我が国の大学」に対しては、北京航空航天大学から徳島大学に九人、南京航空航天大学から東北大学に四人、千葉大学に二人及び高知大学に五人、西北工業大学から千葉大学に二人、ハルビン工業大学から新潟大学に一人、名古屋大学に一人及び会津大学に一人、北京理工大学から千葉大学に三人及び東京工業大学に二人並びに南京理工大学から京都情報大学院大学に一人及び福岡工業大学に八人の留学生が派遣されていると承知している》

答弁書は、閣議決定をもって提出される。したがってこの答弁は、日本の一部の大学が中国の国防七校と提携しているという事実を確認したことを閣議決定した、ということにほかならない。

大学運営の法改正はグッジョブ！

白日のもとにさらされた国防七校と日本の大学の提携は、国内メディアおよび海外メディアの大反響を呼んだ。

答弁が提出された２０２３年６月２日付で、産経新聞は《中国軍関連大から39人留学　政府「研究内容把握せず」》という見出しで、読売新聞は《中国軍とつながり深い「国防七校」から日本留学、東工大などに39人…技術流出の恐れも》という見出しで報じた。

米『ウォール・ストリート・ジャーナル』には２０２３年７月21日付で、《米国は中国の軍事関連大学からの学生は追放だが、日本は大歓迎》という見出しとともに、サブラインには《日本政府は知的・科学交流の自由の重要性を挙げているが、それが学術上のスパイ活動への扉を開く可能性があると警告する人もいる》と書かれた。

中国人留学生に関しては、きわめて深刻な問題として特に半導体の研究開発のために入り込んでいないか、ということがある。

日本の大学にはまだ先端半導体技術が残っており、たとえば東京大学には回路線幅５ナノメートルの半導体を量産する技術がある。組み立てこそは行っていないが、日本は現在、半導体材料および半導体製造装置の技術保有国である。文部科学省も経産省も、その点のガードは全くできていないに等しい。

ノドから手が出るほど半導体の技術が欲しい中国にとって、トランプ政権以降米国には入れない、アカデミック・テクノロジー承認計画で英国にも入れない、ドイツも規制強化に乗り出そうとしている、という状況下で、先端半導体技術を持つ国として狙えるのは、日本、韓国、台湾しかない。台湾は非常にガードが固い国だから簡単には侵入できないだろう。危ないのは日本と韓国である。

２０２３年12月13日、参議院本会議において「国立大学法人法の一部を改正する法律」が可決、成立した。筆者は、この流れは『ウォール・ストリート・ジャーナル』の記事などで国防七校と日本の大学との提携の事実が露見し、国内外の知るところになった結果ではないかと推理している。

改正されたのは「事業規模が特に大きい国立大学法人における法人の大きな運営方針を決議する運営方針会議の設置」と「長期借入などの対象経費の範囲の拡大」、ならびに「国立大学法人東京医科歯科大学と国立大学法人東京工業大学の統合により、国立大学法人東京科学大学となること」である。

改正の最も大きなポイントは「大学自治を口実に、これまで理事会がいろいろと好き勝手をやっていたことに対して歯止めがかかった」ということにある。文科省が任命した人員が送り込まれて協議会を設置し、そこで運営方針が決められる。大学運営の透明性の強化であり、筆者はこの国立大学法人法の改正については「グッジョブ」と言いたい。

国立大学法人には税金由来のお金が入っていく。当然、その運営には透明性が求められる。従来、大学は、左翼的なイデオロギーに則り、大学自治という名のもとに好き勝手な大学運営が行われてきたきらいがある。国立大学法人法が改正されて協議会ができ、第三者のモニターが入るようになることは、国防七校との提携破棄への第一歩となると考えていいだろう。

政府から切り離されることになった日本学術会議

神谷議員の質問主意書にはもうひとつ、興味深い質問がある。内閣が答弁書で該当組織が独立して行う職務の一環であるから「お答えすることは差し控えたい」とした質問は次の通りである。

《三　我が国の大学が国防七校からの留学生を受け入れていることは、日本学術会議が軍事研究は行わないとした声明と矛盾する。日本学術会議が声明を堅持するのであれば、国防七校との提携を破棄することを声明すべきであると考えるが、政府の見解を示されたい》

GHQ占領下で結成された学術会議は3度にわたり、「戦争を目的とする研究は絶対に行わない」という声明を発出した。２０１７年には、軍事的安全保障研究に関する声明を発表。学術会議は防衛装備庁による安全保障技術研究推進制度を警戒、忌避した。これは防衛省の外局である防衛装備庁が立ち上げたもので、先進的な民生技術の研究・開発に資金を配分する制度だ。

２０１７年3月に発出された学術会議の声明では、この研究推進制度について「政府による研究への介入が強まる懸念がある」「将来の装備開発につなげるという明確な目的に沿って公募・審査が行われ」と研究推進制度を批判した。日本学術会議は公的組織であるにもかかわらず、自国の防衛技術の向上に協力しないと、その態度を旗幟鮮明にした。学術会議の軍事的安全保障研究に関する声明に呼応する形で、各大学は「軍事を目的とする研究は行わない」「軍民両用を目的とした研究は実施しない」などのガイドラインを策定し、大学所属の研究者が推薦制度に応募する道を事実上、絶ったのである。

一方で、日本学術会議は国防七校と提携し、留学生を受け入れ、帰国後の軍事転用を黙認する日本の大学に対し、提携破棄の勧告をしていない。

日本学術会議には3つの部がある。1部が人文系、2部が生物学系、3部が工学系だ。筆者は仕事柄少なくない数の大学教授にお会いするが、彼らが口を揃えて言うのは、日本学術会議では1部の人文の領域に入ってくる共産党系の活動家ばかりが大きな声を上げている、ということである。

3部の理工系の学者は軍民両用技術の研究をやりたい、という。ところが、声の大きい1部の勢力が邪魔をする。国家安全保障に直結する分野の研究者のフラストレーションがたまっている、という声を実際に聞く。

2023年12月、政府は日本学術会議を独立した特殊法人に移行させることを決め、学術会議改革担当の松村祥史(よしふみ)国家公安委員長が法人化する方針を表明した。組織改革で軍民両用技術の推進など幅広い研究に弾みをつけることになる。

大学や研究所の研究者が、安全保障技術研究推進制度に自由に応募できるようにすることは、懸念国からの留学生対策と並んで喫緊の課題である。いずれにせよ、日本学術会議の特殊法人化では、1部、2部、3部を分割し、偏(かたよ)ったイデオロギーを持った人間が工学領域の研究に口を出さないようにすることが必要だ。

中国の国防七校および兵工七子、半導体強化大学、民間企業と日本の大学および研究所との共同研究契約のあり方についても、特に安全保障の観点から注意すべきだ。

大学では企業などと共同研究契約を結ぶ際には、ＵＲＡ（リサーチ・アドミニストレーター）が担当する。ＵＲＡは研究活動の活性化や研究開発マネジメントの強化を支える業務を担う専門職で、研究プロジェクトの企画・立案から立上げ・実行・進捗管理まですべてを担い、学内外のさまざまな部署をつなぐパイプ役である。

ところが、旧帝国大学や一部の私立大学を除いて、大手企業と対等な契約、つまり落度のない契約が結べるような専門性の高い人材が不足しているのが現在のＵＲＡの実態だ。

特に地方大学が不利益な契約を締結しないように、政府がＵＲＡ人材を徹底的に支援する必要がある。費用を国が負担してでも、知的財産のライセンス契約に強みを持つ法律事務所や弁護士を紹介することが必要だろう。特許をはじめ、法的な保護は世界の中で日本が生き残っていくためにも大変重要である。

学術界においては、さらに、２０２４年度の国会で審議が予定されているセキュリティ・クリアランス制度の早期導入を行うことが必要である（第４章を参照）。同時に、産業スパイや技術の横領・窃盗犯をすみやかに逮捕し、処罰できるスパイ取締法の成立を急ぐことが求められる。

ＪＡＸＡサーバー事件の怪

実際に、中国人留学生が人民解放軍のサイバー部隊に協力する事件も起きている。２０２１年12月、警視庁公安部は中国人民解放軍が関与した宇宙航空研究開発機構（ＪＡＸＡ）などへのサイバー攻撃を巡り、中国籍の王建彬（おうけんひん）容疑者に対し、逮捕状を発付した。すでに王容疑者は国外へ逃亡したため、警察当局は国際刑事警察機構（ＩＣＰＯ）を通じて国際手配する方針だ。

『共同通信』によると、王容疑者は２０１０年に来日し、日本語学校に入学。同校を卒業し、大阪市内にある私立大の経営系の学部に進学した。大学在学中に、人民解放軍のサイバー攻撃部隊「６１４１９部隊」に所属する軍人の妻（工作員）から「日本のＵＳＢメモリーがほしい」という依頼があったのが事件の始まりだった。王容疑者は依頼に応じ、通販サイトでＵＳＢメモリーを購入して中国に送った。

依頼は、これで終わらなかった。この女性工作員は軍関係者であることを明かさないまま、次第に依頼内容をエスカレートさせた。女性工作員の「依頼」には王容疑者に日本国内のレンタルサーバーを契約させて、ＩＤとパスワードを送った疑いも含まれる。このサーバーは、２０１６年の宇宙航空研究開発機構（ＪＡＸＡ）など国内約２００機関の機密情報を狙ったサイバー攻撃で使われた。日本のサーバーを経由することで、検知システムに不正アクセスであると認識されにくくするためだろう。

２０１６年11月、女性工作員は王容疑者に命じて、架空の日本企業名や担当者名を使い、国内の企業や組織に限定して販売されていたセキュリティーソフトを購入させようとした。セキュリティーソフトを解析し、その脆弱性を見つけ、サイバー攻撃に使おうとしたのだろう。販売会社が王容疑者の提出した法人の登記が確認できないなどの理由で、購入申請を却下した。警視庁公安部は、この容疑で裁判所に王容疑者の逮捕状を請求し、発付された。

王容疑者のスマートフォンには女性工作員との通信記録が残っていた。

「これ以上は危険と感じる。毎回びくびくしている。いけないことだ」（王容疑者）

「国家に貢献しろ」（女性工作員）

中国は２０１７年施行の国家情報法第７条で、全ての中国国民に中国政府による情報活動への協力を義務づけている。女性工作員は王容疑者に国家情報法に基づき、情報活動への協力を命令したのだろう。この女性工作員の夫が所属する６１４１９部隊には、日本企業を標的とするハッカー集団「Ｔｉｃｋ」も含まれるとされる。

これは、日本で生活する普通の中国人が、ある日突然、中国政府の命令でスパイ活動に協力する一例であり、氷山の一角に過ぎない。

中国人留学生と研究者がこうした法令および組織体制のもとにいる限り、各国の大学や研究所がセキュリティ・クリアランス制度、つまり情報へのアクセス資格を設定する制度を駆使して機密情報の窃取（せっしゅ）警戒にあたるのは当然のことだ。

米国は国防七校からの留学生へのビザ発禁へ

では、最後に国防七校に対して諸外国はどのような対策を取っているのか、見ておこう。

米国は2018年8月、「2019年度国防権限法」を成立させ、2020年8月、同法の枠内として「ECRA（輸出管理改革法）」を施行して技術を含めた輸出規制を強化したが、これらの規制強化の背景には、中国の「国防七校」あるいは「兵工七子」の存在がある。

トランプ政権は米国内に滞在する一部の中国人留学生や研究者のビザ（査証）の効力を停止したが、その対象者は人民解放軍の影響下にある大学、つまり「国防七校」あるいは「兵工七子」に関係する大学院生や研究者だった。2020年だけで1000人を超えるビザが停止されている（米国家安全保障に脅威を与える大学・機関リストは**巻末参考資料5**）。

バイデン政権も同様だ。米国は中国人学生も含め、コロナ禍収束後の留学生の受入を再開したが、中国人の理工系大学院生ら500人以上に対し、米大使館はビザ発給を拒否した。中国人留学生は、米国の入国審査でも、入国拒否されている。中国の謝鋒（しゃほう）駐米大使は「毎月、留学生など数十人の中国人が米国側に入国を拒否されている」と認める。

2023年6月に発表された米国科学アカデミー発行の機関誌『PNAS（米国科学アカデミー紀要）』の調査によると、2010年から2021年にかけて米国を離れて他国にわたった中国系科学者の数は900人から2621人に増加した。特に2018年から2021年にかけ、科学者たちは急速に米国を去っており、内訳を見ると、ここ数年で中国に移住する中国人科学者の割合が増加している。先に触れた「国際固体素子回路会議（ISSCC 2023）」における中国発の論文の数量および高評価の背景には彼らの存在があるはずだろう。

中国人科学者が米国からの流出が加速を始める2018年は、トランプ米大統領が知財窃盗、つまりスパイ行為に対抗することを目的とした「チャイナ・イニシアチブ」を発表した年である。

バイデン政権下ではチャイナ・イニシアチブこそ廃されたものの、その影響は依然として中国人科学者たちの間に残っている。前掲の『米国科学アカデミー紀要』の調査では、回答者１３０４人のうちの3分の1以上が歓迎されていないと感じており、3分の2近くが中国と研究協力体制を敷くことについての懸念を示した。研究者の中には、海外から優秀な研究者を金銭で引き抜く中国政府主宰の「千人計画」に応募して中国に移住する者もいた。

中国政府の外国人材招致事業「千人計画」は、米政府が国内の科学者に対する厳しい捜査や監視を実施し始めたため表舞台から姿を消した。だが、その代わりに、中国・工業情報省が主管する「啓明（けいめい）」という外国人材招致事業が後継となっている。２０２２年10月の米政府による対中輸出規制により、中国製造２０２５の実現が絶望的状況にある。このため半導体など重要と見られる科学技術産業の人材獲得が急務となっている。「啓明」は、中国政府のサイトに言及がなく、対象者の氏名なども公表されていない。トップクラスの研究機関で経験を積んだ研究者が対象であろうが、「啓明」に応募すれば米政府の捜査・監視対象になるだろう。

繰り返しになるが、中国人留学生は国家情報法に基づき、中国の情報活動に協力する法的義務を負っている。中国大使館は中国人留学生に指示を出し、情報活動をさせており、指示が出されれば、まずは中国人留学生団体の幹部がその命令を忠実に遂行するのだ。

また、米国は国家安全保障に脅威を与える「人材プログラム」についても公表している

（巻末参考資料6）。「人材プログラム」とは外国人材招致事業だ。日本も日本版「人材プログラム」を作成することが急務ではないだろうか。

半導体にノーガードの日本

米国では今、米中間の関係悪化、中国側の改正反スパイ法の施行などによる弾圧強化、新型コロナウイルスのパンデミックの影響を経て、中国語学習や中国留学への関心は薄れている。現在、米国には約30万人の中国人留学生がいるが、２０２３年に中国に留学した米国人はわずか３５０人である。また、米国務省は２０２３年時点で中国への渡航をレベル３「渡航を再考せよ」、つまり、渡航中止勧告の段階としている。米国では、中国は渡航禁止一歩手前の国なのだ。

ワシントンＤＣに本部を置くシンクタンク、ケイトー研究所は、２０２２年における留学ビザの拒否率が約35％に達したとネット上で発表した。米国では懸念国からの留学生と研究者に対する区別の強化が続いているのだ。

また、米議会の米中経済・安全保障調査委員会は２０２３年度の年次報告書の中で、米議会に対しては外国投資リスク審査近代化法の「対象取引」の定義を拡大して「研究契約」

を含むようにすべきであること、対米外国投資委員会に対しては中国企業による米国の教育制度への投資を審査する権限を強化すべきであることを提言した。

こうした米国の方針と比較して、日本は半導体に対してノーガードである。半導体は今、石油以上の戦略物資だとされているものであると同時に、日本は米国に次いで優れた半導体技術を持っている国である。韓国と台湾はアセンブリ、つまり組み立てを担当しているだけであって、半導体材料や半導体製造装置の技術は米国と日本の独壇場であり、オランダは半導体製造装置技術の一角である露光装置技術を持っているだけだ。中国が日本を狙うのには論理的な必然性がある。

優れた技術を持っている国には、それだけの責任というものがある。

脱中国を進行して技術の中国流出を阻止することは、日本が世界において技術的な競争優位を確保することでもある。米国と足並みを揃えることで安心安全な日本の半導体を輸出することは、日本国内の産業空洞化の解消につながり、GDPの上昇に直結するのだ。

ちなみに、英国の状況はどうなっているのか。

外国人大学院生の受け入れ管理規定である「アカデミック・テクノロジー承認計画（ATAS）」に基づき、2020年10月から、英国の大学院で国防や軍事技術などを学ぶ外国人に対して審査が強化されている。その後、英国政府は審査対象である外国人学生の研究分野範囲を拡大し、１０００人以上の科学者と大学院生が国家安全保障を理由に英国での就労を禁止された。２０２２年には過去最高となる１１０４人の科学者と大学院生が外務省の審査で拒否されている。ドイツですら２０２３年から「国防七校」からの留学生の入学を拒否する大学が出てきている状況にある。

一方、日本は、国内の大学における研究結果が軍事転用されることが容易に予想できるにもかかわらず、「国防七校」などからの中国人留学生を対象とする入国禁止策は現在もまったくとられていない。中国国籍の留学生は国家情報法第７条に従って、中国政府の情報活動に協力する義務を負っていることを忘れてはならない。

経済安全保障担当大臣、経済産業大臣、文部科学大臣が足並みを揃えなければならない事案だが、国防七校への対応すら不十分な状況が続いており、また国防七校以外にも北京大学や清華大学から留学生が来ている。技術が盗み出されていないかどうか、至急に調査を行う必要があるだろう。

第6章

半導体復活で日本経済も復活させよ

——最後のチャンスを手放してはならない！

半導体市場でも日本を利用しようとする韓国

半導体は最重要戦略物資として扱われる。各国は日本の半導体材料産業や半導体製造装置産業がこのまま競争優位を維持した現状を容認するだろうか。

答えを先に言うと、その認識は甘い。米国や中国の動向について述べてきたが、台湾と韓国は、日本から半導体材料や半導体製造装置の技術を盗み取り、日本から半導体産業における競争優位を奪い取ろうとしていることを忘れてはならない。たとえるなら、美味しい蕎麦屋があるとしよう。その蕎麦屋が蕎麦を食べにくる商売敵(がたき)に、返しのノウハウなどを教えたらどうなるか。商売敵はノウハウや技術を盗み取ったあと、自分で美味い蕎麦屋を開いて客を奪う。経済界にいる者からすれば常識の話だ。

韓国とのビジネスでは、半導体に限らず「用日」を常に頭に入れておくことが必要である。「用日」とは、2014年に韓国紙『中央日報』が使い始めたとされる言葉で、その意味は日本をおだてたり、脅(おど)したりすることで、日本および日本企業から技術や資金などを引き出すことを指す用語である。

「用日」は韓国の政権が右派・左派であろうと関係なく、韓国の対日姿勢の基本である。

韓国は日本から半導体製造の後工程の技術を手に入れ、韓国の半導体材料産業や半導体製造装置産業を強化するために、擦り寄ってきている。

韓国サムスングループ創業者の故・李健熙（イゴンヒ）が「技術は調達するものであって、開発するものではない」と語ったことを忘れてはならない。

頼清徳（らいせいとく）氏が「台湾における半導体産業の発展に注力する」と語った、次期台湾総統決定演説から２日後の１月15日、韓国政府は「国民とともにする民生討論会」を開催し、同討論会で産業通商資源部の安徳根（アンドックン）長官は「半導体メガクラスター造成案」を発表した。

半導体メガクラスターとは、韓国政府の発表によれば「韓国ソウル市近郊の京畿道（キョンギド）に位置する城南（ソンナム）市・華城（ファソン）市・龍仁（ヨンイン）市・利川（イチョン）市・平沢（ピョンテク）市・安城（アンソン）市・水原（スウォン）市の総面積２１０２万平方メートルに展開される半導体産業の集積地」のことである。この半導体メガクラスターにサムスン電子が５００兆ウォン、ＳＫハイニックスが１２２兆ウォンの合計６２２兆ウォン（約68兆４２００億円、１ウォン＝約０・１１円）を２０４７年までに投資する。

現在、クラスター内にある21の既存工場に加え、新たに13の半導体工場と３つの研究施設を建設する計画だ。このうち、２０２７年までに、半導体工場３カ所と研究施設２カ所を完成させ、２０３０年には半導体メガクラスターでのウエハー生産能力を月産７７０万枚に引き上げる。

さらに、半導体素材・半導体製造装置企業などの協力企業の成長と、これらのサプライチェーンの構築も進める。韓国政府は半導体メガクラスターに投資する海外の半導体製造装置企業に対して、各社に約2000億ウォン（約200億円）の補助金を支給するとしており、オランダのASML、米国のラムリサーチなどが研究開発拠点の設置を表明した。この目的は、海外の有力半導体製造装置会社を半導体メガクラスター内に誘致し、韓国の半導体製造装置会社の技術力の底上げを図り、日本の半導体製造装置の競争優位を弱めることにあるようだ。

日本の半導体材料会社や半導体製造装置会社に依存し、現在30％とされている半導体サプライチェーンの自給率を2030年までに50％以上に引き上げ、現在4社ある売上高1兆ウォン以上の企業を10社以上育成するという目標も掲げられ、650兆ウォンの経済波及効果、346万人の雇用創出を予定している。

また、メモリー以外の半導体（中央演算装置など）の育成にも注力する。韓国企業のメモリー以外の世界シェアは3％である。これを2030年には世界シェア10％に伸ばす計画だ。半導体メガクラスターに、GPUの需要増加に関連して、需要が増加するHBMなどの先端半導体メモリーや回路線幅2ナノメートルプロセス以下の中央演算装置などの生産体制構築を進める。台湾のTSMCの牙城を切り崩そうという考えだ。実際に、TSMC

とサムスン電子は回路線幅１・４ナノメートルの最先端半導体をどちらが先に出すかをめぐり競争中だ。両社とも２０２７年の量産を目標にしている。

しかし、サムスン電子は家電事業、ギャラクシーのブランドで販売するスマートフォン事業、半導体メモリー事業を行う会社であり、台湾・ＴＳＭＣのようなファウンドリ（生産に特化）の企業ではない。

韓国は米国に安全保障を頼りながら、中国との経済面での関係が深い。韓国の最大の貿易相手国は中国であり、半導体は韓国の輸出全体の約16％を占め、韓中貿易の重要な商品である。また、サムスン電子やＳＫハイニックスといった韓国の大手半導体企業は、主力工場を韓国と中国に展開している。サムスン電子は中国の工場で半導体メモリー「ＮＡＮＤ」の世界生産の40％、ＳＫハイニックスは中国で同じく半導体メモリー「ＤＲＡＭ」の50％、ＮＡＮＤの20％を生産する。韓国企業の重要技術情報を盗み出し、中国企業へ売る者もいる。

２０２１年には米国の対米外国投資委員会により、中国系ファンドのワイズロードキャピタルによる韓国の中堅半導体企業のマグナチップ社買収（Ｍ＆Ａ）が中止に追い込まれた。ハイニクス半導体から分離したマグナチップ社は、各種産業・通信用半導体、スマホの先端ディスプレー駆動チップなどを設計・製造する韓国企業だ。米国の介入がなければ、

Ｍ＆Ａが成立していただろう。

北朝鮮との融和を重視する勢力も存在する。韓国は5年に一度大統領選挙が行われる。そこで韓国との半導体関連の取引は、政権交代によって文在寅（ムンジェイン）前政権のような親中・新北の政権が再び誕生することも想定しながら、経済安全保障に関係する最先端の半導体製造装置や半導体材料の対韓輸出と技術移転に細心の注意を払わなければならない。米国は韓国から中国への技術流出を恐れ、ＴＳＭＣを重視していることも見落とせない。

国策として「半導体クラスター」づくりに進む台湾と韓国

では、台湾の半導体はどのような状況にあるのだろうか。

２０２４年1月13日、台湾で次期総統選挙が行われ、民進党の頼清徳氏が次期台湾総統に選ばれた。就任は２０２４年5月である。頼清徳氏は選挙運動中、ＴＳＭＣを核とする台湾半導体業界のさらなる発展を力強く支援すると公約した。13日の台北の民進党本部前における勝利集会で、次のように述べている。

「私は総統として、材料、装置、研究開発、集積回路設計、製造、ウエハー製造、試験など、半導体産業の発展を支援し、台湾における包括的なクラスターを構築し、その発展をさらに進めていきます。これはもちろん、世界経済にも利益をもたらすでしょう」

この演説は、頼政権が半導体に注力することを明らかにしている。世界の半導体サプライチェーンにおける台湾の位置づけの大きさを考えれば当然の方針だろう。TSMC1社で、世界のファウンドリ能力の60％を占めているのだ。そして、台湾経済の健全性は台湾の半導体産業の業績と密接不可分の関係にある。頼清徳氏にはまた、台湾南部にある台南の市長を務めている間、サイエンスパーク（台湾のシリコンバレー）内でのTSMCの工場設立に深くかかわった経験もある。

一方、台湾の半導体産業は課題も抱えている。台湾の経済規模は、米国、中国、日本などと比較すると小さく、政府補助金の面で米国や中国との競争に勝つのは難しい。また、台湾経済の大黒柱が半導体産業であるにもかかわらず、多くの台湾国民が半導体産業に雇用されていない。頼政権が半導体業界に大金を投じることに対しては、その雇用の恩恵を受けない国民から反対の声があがることも予想される。

頼政権は、米国と中国との半導体産業のデカップリングにも対処する必要がある。台湾は中国に対して、半導体などの重要技術に関する漏洩や窃取を減らすための措置を採ってはいるが、米国との智能化戦争の勝利を目指す中国は今後さらに、あらゆる手段を使って先端半導体技術を中国国内に移転させようとするだろう。

台湾にとって中国は経済的に強力な競争相手である。半導体の設計と製造の両方で、台湾企業は中国企業よりも技術的に十分に先を行く必要がある。米国による対中半導体規制によって、中国は今、先端の半導体製品および技術の流通からは、今のところ締め出されている。このことは、台湾にとっては追い風だ。

頼政権は台湾における包括的なクラスター、つまり国内における産業完結集積体制を構築しようとするだろう。しかし、もしも中国が武力によって台湾を統一する行動に出た場合、世界で使用される先端半導体の大部分が台湾だけで生産される構造となることへのリスクを挙げる声も多い。

中国という国がすぐそこにある限り、台湾の半導体業界は地政学的に見れば脆弱なのである。頼政権は、こうした懸念にも応える必要がある。おそらくは製造の空洞化を懸念する声を押し切り、ファウンドリが台湾国外に工場を建設するのを止めることはないだろう。

力による国際秩序の現状変更を試みる中国と米国の対立激化、米国による対中半導体規制のさらなる強化、米中の台湾を巡る対立など、複雑な地政学的連立方程式を解きながら頼政権は多くのことに取り組むことになる。頼政権の動きに世界が強い関心を抱くことだろう。

一方で、韓国の現政権は米国・日本・オランダなどの主要な半導体技術を持つ国に対して、韓国の半導体サプライチェーンの強化に協力するよう働きかけている。

ＴＳＭＣの時価総額は台湾証券市場の約３割弱を占め、半導体は台湾の輸出の42％を占める。サムスン電子の時価総額は有価証券市場の約２割弱を占め、半導体の輸出割合は15・6％だ。台湾と韓国の政府は国の生き残りをかけて、半導体産業を集中育成する方針を旗幟鮮明にしている。

これらの動きは日本の半導体業界にとり、競争優位を脅かすことになるだろう。「経済のグローバル化はよいことだ」と言って、日本の虎の子の半導体技術を外国に教え、競争相手を育て、日本の半導体業界の競争優位を脅かすナイーブな行動は慎む必要がある。特に次項で述べる鉄鋼業界で起きたことを他山の石とする必要がある。

新日鉄から漏洩した電磁鋼板技術

１９７７年11月、新日本製鐵（現日本製鉄、以下新日鉄）の会長、稲山嘉寛氏が訪中した際の話である。中国共産党副主席の李先念から大型一貫製鉄所の建設協力要請があった。

翌年10月、日中平和友好条約の批准書交換のため、当時は副総理だった鄧小平が事実上の中国の首脳として初めて訪日した。福田赳夫首相らに歓待され、中国の指導者としては初めて昭和天皇と会見した。鄧小平副総理が新日鉄君津製鉄所を視察したことが、大型一貫製鉄所の建設計画推進の大きな後押しとなった。1978年12月、中国で第1期工事が着工した。

製鉄所の操業にあたっては、新日鉄の君津・大分・八幡製鉄所が指導した。中国政府による支払い条件の変更、第2期工事中止などが起きたが、日中関係者が何度も折衝にあたり、1985年9月、第一高炉の火入れに漕ぎつけた。一時は、上海に700人の新日鉄従業員が入り、建設工事と操業指導にあたったほどである。日本側からのべ1万人が訪中し、中国からはのべ3000人が来日した。操業指導研修には1000人を受け入れ、中国への派遣は320人に達した。

新日鉄は中国側に対して、自社の製鉄所と変わらない取り組みを行ったのだ。2004年7月、合弁会社「宝鋼新日鉄自動車鋼板有限公司（BNA）」が設立された。

当時の新日鉄の経営者は「日中友好」という言葉に踊らされ、中国の真の姿を見抜けなかった。少し長くなるが、稲山氏による回想録『私の鉄鋼昭和史』（東洋経済新報社）から引用しよう。

《三三年の日中鉄鋼協定は、不幸な事件によって〝幻の協定〟に終わったものの、日中のきずなはその後も細々とつながり、正常化後はせきを切ったように拡大していった。やや先回りになるが、その後の日中関係の推移を追ってみよう。

　四七年八月、田中首相の訪中によって調印された「日中共同声明」が発表される一カ月前、私は中国アジア貿易構造研究センター訪中団の団長として中国へ向かった。富士銀行の岩佐凱実会長、日立製作所の駒井健一郎会長、出光興産の出光計助会長、三井物産の水上達三相談役らである。日中間の国交正常化が間近に迫っていたときだけに、私としては、その先導役として重い責任を感じていたが、私たちの訪中の目的は、正常化後の日中貿易の在り方、拡大の方向をさぐることであった。

　ほぼ二週間にわたる周総理ら中国首脳たちとの会談の結果、鉄鋼、肥料などの長期輸出契約と、中国原油の輸入などが取り決められ、大きな成果をあげた。とくに、このときに技術協力の話が具体化し、中国が建設する「武漢製鉄所」への支援も頼まれた。具体的には武漢に珪素鋼板と連続熱間圧延を建設するについて、設計、技術、機械、操業指導を日本側が行なうというもので、新日鉄と川崎製鉄の二社が参加した。詰めに時間がかかったが、四九年六月には正式調印した。

　ところが、この日中国交正常化の記念碑ともいうべきこのプロジェクトは、四八年の一〇月に起こった第四次中東戦争によって、ピンチに追い込まれた。狂乱物価といわれたように、石油価格の急騰を引き金として諸物価が高騰し、とても契約価格での実行が困難になってしまったからだ。契約の全面的手直しが必要となったので、私どもは中国側と協議し、なんとか値上げを認めてもらおうとしたが、色よい返事が返ってこない。川鉄は採算がとれないことを理由に、このプロジェクトから下りてしまったし、新日鉄の社内でも、続行するか、中断するかをめぐって激しいやりとりがあった。

社長としての私の立場は苦しかった。かなり迷いはあったが、もしここでキャンセルすれば、将来の長きにわたって、中国側に不信を残すことになるし、なにより約束を重んずる中国と商売を進めるには、こちらも約束を守るべきだと判断、最終的には「続行」のサインを出した。

その後も、日中双方の努力によって、多少の波乱はあったものの、両国間の貿易は拡大していき、一九七八年（昭和五三年）には、「日中長期貿易取り決め」が調印された。私が日中経済協会の会長としてまとめたものである。このときは土光（敏夫）経団連会長も同行、いわば民間をあげて中国との交流を図ろうとしたものだった。

さらに、同年には宝山製鉄所の建設プロジェクトが具体化した。新日鉄を中心に日本企業が全面的に支援、資金面でも円借款（しゃっかん）の供与、輸銀融資などの協力をしてきたものだ。ところが、起工してから二カ月の後、七九年二月に、中国側の外貨不足から計画の縮小などが起こり、一時は中断に追い込まれるのではないかと危ぶまれた。しかし、日中経済協力の象徴的な存在だけに、プロジェクトの実現への両国の熱意は燃やし続けられ、ついに六〇年九月一五日、高炉の火入れ式が行なわれるところまでこぎつけた。起工以来、実に七年近くを経ての操業開始である。

火入れには、中国側から宋平国家計画委員会主任、戚元靖冶金工業業相らが、日本側から戸田健三新日鉄副社長らが出席した。当日、私は出席しなかったが、同年一一月二六日に趙紫陽首相以下の中国首脳が出席して、盛大に完工式典が開催され、私は日本側祝賀ミッションの団長として招待を受け、宝山を訪れた。七年前、文字どおりのグリーンフィールドだった宝山が、中国現代化の象徴ともいうべき一大鉄鋼生産基地に生まれ変わりつつある姿を目の当りにして、まったく感無量であった》

2007年11月、新日鉄と中国の宝鋼集団の友好協力30周年の記念行事が、君津製鉄所および近隣のホテルで盛大に執り行われた。両社の幹部、OBなど関係者約250名が参加している。この式典に際し、当時の新日鉄代表取締役副社長・宝鋼新日鉄自動車鋼板有限公司（BNA）董事長であった宗岡正二氏は、次のようなコメントを寄せた。

《今回の行事には宝鋼から徐楽江董事長をはじめ約120人の方々にお越しいただき、崔天凱駐日中国大使ご臨席のもと、当社の三村社長、今井名誉会長をはじめ多数の幹部との間で、先人のご苦労に改めて思いをはせ、感謝の気持ちを新たにすることができ、誠に意義深い式典となりました。

宝鋼への技術協力プロジェクトは、日中国交回復からわずか5年後にスタートし、文化や社会制度の大きな違いを乗り越えての大事業であり、現在の私たちには想像を超えたご苦労があったと思います。

また今回は、過去を振り返るだけでなく、両社トップ間でBNAの第3めっきラインの新設、環境技術交流やRHF（筆者注：日本製鉄のダストリサイクル）の事業検討など、将来に向けた発展と両社間の強いパートナーシップを改めて確認した意義は大変大きいと思います。

現在、BNAは素晴らしい成果を挙げています。新日鉄をはじめとする派遣者の昼夜を違わぬ努力、親会社3社の支援の賜物であり、董事長としても深く敬意の念を表します。

今般、合意されたBNAの新ラインを1日も早く立ち上げ、中国マーケットにおけるBNAブランドをさらに確固たるものに仕上げていきたいと思います》（『NIPPON STEEL MONTHLY』2007年12月号）

個人的な贖罪意識を濫用し、「改革開放を支えた日本人」として中国へ献身的な援助を行った稲山氏ら新日鉄経営幹部だったが、２０２１年、同社は中国から思わぬお返しを受ける。そのきっかけは、新日鉄が虎の子としていた技術製品「無方向性電磁鋼板」を宝山製鉄が製造し、トヨタ自動車への販売を開始したことにあった。新日鉄は電気自動車の電動モーターに使用される電磁鋼板の特許権を侵害したとして宝山鋼鉄とトヨタ自動車を提訴した。

２０２３年11月2日に新日鉄が請求を放棄し、訴訟は終了した。同日、『日本経済新聞』は「先端素材の性質を示す特許について侵害を立証するハードルが高く、2年以上にわたった争いに白旗をあげた格好だ」と報じた。

電磁鋼板の技術流出の経緯は、次の通りだった。

２０１２年4月、新日鉄が、韓国最大の鉄鋼メーカーの株式会社ポスコ（以下ポスコ）と同社日本法人の新日鉄元社員Xなどを提訴したことから事件は明らかとなる。

ポスコの前身の浦項製鉄は、日韓基本条約に基づき日本が韓国に与えた経済協力基金を使い、１９６８年に創立し、１９７３年に浦項市にて操業を開始した企業である。設立後も、八幡製鐵と富士製鐵、日本鋼管が浦項総合製鉄に技術を供与し、日本が育ててあげた製鉄会社だ。2000年には、当時の新日鉄の千速晃（ちはやあきら）社長がポスコと業務資本提携を行っている。

ポスコの粗鋼生産が3000万トンを超えた2010年頃から、ポスコは態度を変化させ、新日鉄を競争相手として扱うようになる。粗鋼生産で新日鉄に追いついたポスコは本性を隠さなくなり、新日鉄の元従業員と共謀して方向性電磁鋼板技術を盗み出し、新日鉄を鉄鋼市場で蹴落とそうとした。

新日鉄の訴えによれば、「被告らは同社の方向性電磁鋼板に関する情報を共同して盗み、ポスコは盗んだ情報に基づき新日鉄の方向性電磁鋼板と同等の品質の製品を製造、販売し、新日鉄に被害を与えた」という。変圧器や電動モーターなど広い用途で使われている方向性電磁鋼板は、新日鉄が1960年代後半に開発した電気を流して強い磁力を得るための鋼板である。新日鉄が門外不出としてきた技術だ。

そもそもこの事件は、韓国内でポスコが起こした裁判が発端だった。ポスコは、自社の従業員が中国の宝山製鉄に技術を流出させた、として裁判を起こしたのである。この裁判の中で、被告となったポスコの従業員が「ポスコも新日鉄から技術を盗んだ」と告白したことから事件は露呈した。

訴訟されたポスコ従業員は個人的に新日鉄に情報を提供した。その情報によって、新日鉄はポスコに方向性電磁鋼板技術を売った新日鉄の元従業員の存在を知ることになる。ポスコは元従業員に学会などで近づき、セミナー講師などの依頼を通じて関係を構築したらしい。

新日鉄によると、提訴していた1人を含めた約10人の元従業員が複数グループに分かれ、1980年代半ばから約20年にわたり、ポスコに門外不出の技術を提供していた。彼らの中には、浦項工科大学校の客員教授として招かれ、ポスコとの共同研究などにあたった者もいた。

新日鉄は裁判の中で、「ポスコが大量生産を実現する段階においては、新日鉄から元従業員を使って盗み出した図面そのものを盗用して用いたために実験の必要がなく、新日鉄住金が約12年を費やして築き上げたプロセスを1年半で立ち上げることに成功した」と主張した。新日鉄は「これらの窃取は、ポスコで現在要職を占める人物がそれぞれ日本法人にいた時代に関与するなど、極めて組織的に行われた」とも指摘した。

この裁判は2015年9月、ポスコが新日鉄に300億円の和解金を支払うことなどを内容とする和解が成立している。2017年、新日鉄は産業スパイとして責任追及していた約10人の元従業員側と和解した。元従業員全員が謝罪し、中には1億円を超す解決金を払った者もいた。この10人とは別に、不正な営業秘密の開示が認定され、10億2300万円の支払いを命じられた者もいた。

中国宝山製鉄にも技術が流出した

中国の宝山製鉄への技術流出は、ポスコの従業員が宝山製鉄にポスコの技術を売った産業スパイとして韓国で逮捕されて裁判になったことをきっかけとして発覚した。裁判で、ポスコの従業員は宝山製鉄に技術を売りわたしたことを認めている。

一部の元従業員が、おそらくは金に目がくらんで元勤務先の門外不出の技術を違法な手段で売りわたした行為は、新日鉄の電磁鋼板事業での競争優位を著しく低下させた。

日本企業は「日中友好」という美辞麗句に酔い、中国共産党に持ち上げられ、心血を注いで宝山製鉄を立ち上げた稲山氏らの失敗を教訓とすべきだ。彼らは中国にまんまとやられた新日鉄を見れば穴があったら入りたい気持ちになるだろう。日本企業が競合している東アジア企業はあらゆる手段を使い、日本企業が長年にわたって多大な時間とコストを要する基礎的な技術開発の成果を窃取しようと、虎視眈々と狙っていることを再認識するべきだ。

日本企業は長年にわたり、多大な時間とコストをかけて技術開発を行ってきた。この技術を知的財産として権利化することに注力する必要がある。経済安全保障推進法の特許出願の非公開化は研究者の特定を困難にし、技術者の引き抜き防止対策にも有効だ。

技術者の転職が多い米国では、企業は必ず退職者と機密保持契約をし、違反者は高額の損害賠償を請求され、厳しい刑事罰も科される仕組みがある。

日本でも従業員が営業秘密でもある技術を韓国や中国へ持ち出すことへの対策を徹底する必要がある。日本政府も技術窃取対策に本腰を入れなければならない。

終身雇用がなくなり技術者の転職が増える中、高額の損害賠償や刑事罰を科すことのできる法律を施行しなければ、金に目がくらんで東アジアの企業へ勤務先の技術を売る者が現れ、国益に反する技術漏洩が横行し、国としての競争優位を失わせることになる。繰り返しになるが、日本の半導体業界は無方向性電磁鋼板技術が中国にわたった事件を他山の石とする必要がある。

中韓関係を正確にとらえよ

韓国の半導体産業と中国との関係にも注目する必要がある。

サムスン電子は陝西(せんせい)省西安市に工場を持っている。そして、この中国の工場が同社のN

AND総生産能力の40%を占めている。

SKハイニクスは重慶市や江蘇省無錫(むしゃく)市、遼寧(りょうねい)省大連市に工場を持っており、その中国の工場が同社のDRAM生産の40～50%、NAND生産の20%を占めている。

韓国の半導体産業にとって中国は最大の市場かつ製造のパートナーだ。中国は韓国の最大の輸出相手国であり、かつ半導体はその大きな部分を占めている。先述したように、2012年、新日鉄の方向性電磁鋼板技術が韓国の株式会社ポスコに盗み出され、ポスコから中国の宝山鋼鉄股份有限公司へ技術が転売されるという事件が発覚したことがあった。同様の事件が繰り返される可能性のある環境は変わっていない。

実際に、最近においても重要技術の非合法な半導体の技術窃取が起きた。

2024年1月3日、ソウル中央地検は、サムスン電子の元部長のキム氏と半導体装備の納品メーカーであるユジンテックの元チーム長のパン氏を産業技術の流出防止および保護に関する法律違反の罪で起訴した。

キム被告は回路線幅18ナノメートルのDRAMの製造工程情報を中国の長新記憶技術(CXMT)に譲りわたしたのである。工程情報を写真に撮り、詳しくメモして情報を流出させ、CXMTに情報提供したことで、中国で設立された半導体装備メーカーに技術漏洩した。サムスン電子と協力会社が被(こうむ)った被害額は2兆3000億ウォンに上るとされる。

ＣＸＭＴに転職したキム被告は、２０１６年からの約7年間、毎年10億ウォンを受領したと報じられている。検察は、共犯者を含め数十人が関与している組織的犯罪と見ている。

２０２３年6月には、サムスン電子の元幹部Ａがサムスン電子から設計図や企業秘密を盗み、西安にあるサムスン電子の半導体工場から１マイルも離れていない場所に半導体工場を設立しようとした、と検察が発表している。Ａはサムスン電子で18年間のキャリアを積んだ後、ＳＫハイニックスで10年間幹部を務めていた。Ａは中国と台湾の投資家の支援を受けて中国とシンガポールに半導体製造会社を設立し、サムスン電子とＳＫハイニックスから２００人以上の半導体専門家を高給で引き抜いたという。Ａはまた、サムスン電子から半導体製造時の汚染を防ぐクリーンルーム環境を設計するための設計図や基本工学データ処理などの重要技術を盗み出す手配をしたとされる。

こうした事実は、韓国企業を通じて中国に日本由来の半導体機微情報が非合法的手段で移転する可能性がいまだに高い、ということを物語っている。

サムスン電子は、実は、競合他社の追随を寄せ付けない技術を持っていない。本書執筆時点での競合各社のＮＡＮＤ型メモリーの積層数は次の通りである。

・ＳＫハイニックス：２３８層

・サムスン電子：236層
・米マイクロン・テクノロジー：232層
・キオクシア（旧東芝）：218層

サムスン電子が圧倒的な技術優位を確保しているとはとても言えないのである。日本がサムスン電子から得られるものなど、ほとんど何もないと言っても過言ではない。

半導体、特にCPUにおいて米国はアップルやIBM、インテルといった設計に強い企業を擁しながら、製造面はTSMCがやるというように台湾を中心としたサプライチェーンに頼っている。

メモリーについては韓国のサムスン電子やSKハイニックスの独壇場だが、サムスン電子の半導体工場やSKハイニックスの工場が韓国、中国にあるのは、先述の通りである。世界シェア70％を占める企業のメモリー工場が中国にあることはリスクである。

そうしたことを問題視して、米国は今、同志国および有志国内でのサプライチェーンの再構成ないし新規構築を目指している最中だ。

日本との間に2022年5月に締結した「半導体協力基本原則」は新サプライチェーン構築の流れの中にある。日米および同志国・地域でサプライチェーンの強靱性を強化するという目的の共有を基本原則に、半導体不足が自動車など多様な産業の操業に影響したことの反省から、緊急時には両国間で協力してサプライチェーン上の弱点をなくしていくことへの合意も盛り込まれている。

日本は半導体材料、半導体製造装置においては世界で高いシェアを占めている。つまり、半導体材料、半導体製造装置においては、今はまだ国内生産製品として国際競争力を保っている。そして、今後、それを引き継いでいくための重要なポイントである「人材」の点も、今ならベテランが若い人たちに伝承できる状況にある。

日本は、西側諸国で再構築しなければならない新しいサプライチェーンにおいて、パワー半導体にせよアナログ半導体にせよ、日本ならではのポジションを占めるラストチャンスの時期にいる、と言えるのだ。

日本の立ち位置を旗幟鮮明に

福島第一原子力発電所の処理水の海への放出の第1回目が２０２３年8月24日に開始され、同年9月11日に完了した。放出開始の8月24日に中国外務省が反対および非難の声明を出し、各メディアで報道された。

同省は「原発事故による汚染水を人為的に海洋放出したことは過去に例がなく、受け入れられている処理の基準もない」とし、中国の税関総署が「中国の消費者の健康と輸入食品の安全を確保するため」に「原産地を日本とする、食用水生動物を含む水産物の輸入を全面的に停止」した。

中国側の主張に科学的根拠はなく、また、中国側においてもIAEA（国際原子力機関）の基準値をクリアしているのか定かなわけではない福島以上の量の処理水をすでに毎年放出し続けていることを考えれば、中国側の処理水批判が外交上の駆け引きであることは、まず間違いない。

処理水騒動の背景には、時期的に見ても、おそらく米国の対中半導体規制の問題がある。第4章でも触れたが、「東京エレクトロン」に代表されるように、日本はオランダと並んで半導体製造装置の開発と生産において世界の半導体生産サプライチェーンの重要な一角を担っている。日本と何らかの交渉を行うことができれば、中国の半導体開発を少しでも有利に進めることが可能になる。

しかし日本は、すでに2023年7月、外為法に基づく貨物等省令の改正を施行した。オランダとともに米国と足並みを揃えるかたちで、先端半導体の製造装置など23品目を輸出管理の規制対象に加えたのだ。同年1月に西村康稔経済産業省大臣（当時）が訪米してレモンド米商務長官と面談し、3月に改正を公表、5月公布を経ての施行である。先端半導体をつくるための半導体製造装置は、中国に対して実質的に禁輸になったのだ。

欧米をはじめとする西側自由主義諸国の企業は、現在、半導体企業に限らず、脱中国を加速させている。投資先国に新たに法人を設立する形態の投資をグリーンフィールド投資と言うが、コンサルティング企業「オックスフォード・エコノミクス」によれば、中国に対するグリーンフィールド投資は、2010年～2011年には年間数千億ドルだったものが、2022年には180億ドルと大幅に減少している。中国商務省発表の統計によれば、2023年1～5月の対内直接投資は5・6％減少した。過去3年間で最大の減少幅だった。

繰り返し述べるが、中国は2023年7月、改正「反スパイ法」を施行した。簡単にまとめると、「国家機密や情報」に加えて、「そのほかの国の安全と利益に関する文書、データなどを盗み取る行為」をもスパイ行為の対象として、政府側の恣意的な摘発の幅を大きく広げた法律である。国家安全局が「お前はスパイだ」と言えば捕まえることができ、資産没収などの制裁を加えることができる。

問題は、どんなことをすればスパイと疑われるか、である。中国は今回の法改正で、スパイ行為の定義を広げた。定義は旧法で5つ、改正法で6つあるが、たとえば、旧法の定義のひとつである「スパイ組織への参加またはエージェント任務の請負」は「スパイ組織への参加、エージェント任務の請負またはこれらに頼ること」に拡大された。依頼行為ないし、その嫌疑も法適用となるわけである。

さらに、「国家機関、国家機密にかかわる組織または重要情報インフラなどに対するサイバー攻撃、侵入、妨害、コントロール、破壊などを実施する活動」という定義が新たに設置された。

当然、こうした法律は対中投資を萎縮させ、中国を離れる外国企業は増えた。中国国家外貨管理局は、２０２３年の外資企業による中国投資は、２０２１年のわずか1割弱に過ぎない３３０億ドル（5兆円弱）となったと発表した。この数字は、対中投資が１９９０年代の水準まで減少したことを示している。一方、中国の国家安全部は「法治こそがビジネス環境として最も優れたものであり、改正反スパイ法はこれをさらに明確、正確、公開透明にするものであり、中国の法治の進歩の表れだ」としている。

いずれにせよ中国への直接投資が大幅に減り始めていることは事実である。中国で生産能力を増強するのを中止あるいは回避する企業が増えているのだ。

中国への直接投資が減るということは、中国での設備投資や不動産取得、工場建設が行われていない、ということだ。長期的に見て、これは中国経済にとってきわめて深刻なシグナルである。

しかしながら、日本の企業は、こうした問題に対する感度がきわめて鈍い。脱中国は少しずつ始まってはいるものの、本格的な脱中国の動きは表面化していないのが現状だ。

２０２０年、安倍晋三政権の時代に、経産省が新型コロナ禍によるサプライチェーンの損傷を直接の理由とはしているものの、「国内の生産拠点の整備などを進めてサプライチェーンの強化を図るための工場の新設や設備の導入支援」を実施したことがある。つまり、いわば「脱中国補助金」だ。

支援策は5月22日から開始され、先行締め切りでは57件、約５７４億円が採択された。さらに7月22日までの２カ月間には追加公募として１６７０件、約１兆７６４０億円分の申請があった。この時点での予算額は残り約１６００億円で、目論見の約11倍の応募があったことになる。日本企業の多くが中国から離れたいと考えていることは確かなのだ。

脱中国補助金の支援策は菅義偉政権の時代に打ち切られ、現在は行われていない。経産省は続行したいとの考えだったが、親中的な一部の自民党派閥に忖度(そんたく)して打ち切られた、と関係者から聞いている。

今の西側自由主義諸国企業の潮流は脱中国にあることは間違いなく、日本企業もまた、気がついているかいないかは別にして、その潮流の中にいる。脱中国補助金といった具体的な政策を復活させ、脱中国を進めなければいけない時代であり、岸田文雄政権には大いに奮起していただきたいところである。

危険な日本売り政策から半導体技術を守れ

日本は今、西側諸国が再構築しなければならない新しいサプライチェーンにおいて、パワー半導体にせよアナログ半導体にせよ、日本ならではのポジションを占めるラストチャンスの時期にいると言うことができるだろう。しかし、日本政府は、このラストチャンスを活かす方向に動いているとは言い難い。日本ならではのポジションを確立する、と言うよりも、日本を売る、という方向にある。国を売る、国を買う、という表現はイメージワードであり、その行為は具体的に「投資」のあり方に表れる。そして投資には、直接投資と間接投資の2種類がある。

直接投資は、さらに2つに分かれる。海外で事業活動を行うためにその国の企業にM&A（企業の合併・買収）を行い、経営権を収めるものがまずひとつだ。そしてもうひとつ、現地法人を設立して工場や販路などの事業資産を一からつくる「グリーンフィールド投資」などと呼ばれる投資がある。

図表8　国内総生産(GDP)に対する対内直接投資残高比(2022年度)

国名	GDPに占める直接投資の割合（2022年度）
英国	87.93%
カナダ	67.73%
米国	40.88%
フランス	32.10%
ドイツ	24.71%
イタリア	22.37%
日本	5.37%

出典：国際連合貿易開発会議（UNCTAD）のウェブサイト

間接投資とは、利子・配当・キャピタルゲイン（株式や債券など、保有している資産を売却することによって得られる売買差益のこと）の獲得を目的として行う投資のことである。有価証券を購入することなどが該当する。

「対日直接投資」という用語がある。対日直接投資は、文字通り、外国人投資家が日本企業にM&Aを行い、日本企業の経営権を得る行為、および日本におけるグリーンフィールド投資などを指す。

対日直接投資は海外から日本への投資であり、それぞれの国において海外から直接投資されることは一般的に「対内直接投資」と呼ばれる。国際連合貿易開発会議（UNCTAD）によると、対内直接投資は2010年代半ばをピークに減少傾向にある。

2022年度の国内総生産（GDP）に対する対内直接投資残高比は**図表8**を参照してほしい。どのような国が海外からの投資を大きく受けているかがわかる。

日本は対内直接投資が圧倒的に少ない国であることが明らかに示されている。ＧＤＰに占める直接投資の割合が低いということは、企業でいうならば、外資系投資家によるＭ＆Ａやグリーンフィールド投資などが少ない、ということである。

外資系投資家が日本に対する投資に消極的なのは、なぜだろうか。２０１６年に日本貿易振興機構（ＪＥＴＲＯ）が１３００社を対象として調査を行い、１９７社から回答を得たデータがある。同調査によれば、外資系企業が日本でビジネスを行う上で阻害要因となるとしているポイントの上位5位は次の通りだ。

1）行政手続き・許認可等の複雑さ
2）人材確保の難しさ
3）外国語によるコミュニケーションの難しさ（ビジネス面）
4）日本市場の特殊性
5）ビジネスコストの高さ

これは、外資系企業から見た場合の阻害要因である。しかし、対内直接投資が日本において少ない理由は外資系企業側の思惑だけにあるものではない。日本企業の株主による、外国人に株式を譲渡することで体制のまったく異なる外資系企業へ変身してしまうことへの警戒、ということもあるはずである。

外資系企業による日本企業へのM&Aが少ないということは、多くの日本企業において日本人が経営権を保有している、ということである。これは決して悪いことではないし、国際的に不利なことでもない。

ただし、外国人投資家や外資系ファンドなどへ日本企業を売却することをビジネスとして、その分野で潤っている人たちがいる。M&A取引で手数料を懐に入れる業者やM&A関連業務を行う弁護士事務所や会計士事務所、そして、日本企業を買収し、リストラなどでコストカットを行った後でその日本企業を転売し、売買差益を投資家と分配するファンドなどである。

さらにまた、こうした組織と提携しているのかどうかはわからないが、対日直接投資推進論の提灯を振る御用学者および御用評論家がいる。彼らは「イノベーション創出や海外経済の活力の地方への取り込み」というキャッチフレーズを対内直接投資の効果として喧伝し、日本は諸外国と比較して対内直接投資が足りない、と主張する。

対内直接投資の数字が諸外国と比較して小さいのは事実である。しかし、日本企業が外資系企業に買収されるとどうなるか、という問題は議論されないままである。

買収された日本企業の経営陣は、買収した企業の母国から送り込まれた外国人に替わる。彼らは母国の方を向き買収した日本企業を経営する。

彼らは短期で目立った業績を上げて母国に凱旋帰国することが目標である。したがって、人材育成などに興味はなく、短期収益を極端に重視した経営になる。社内では、送り込まれた外国人への媚びへつらい競争が起き、うまく外国人に取り入った者が幹部になれる。

買収された日本企業の生み出す付加価値は買収した企業の母国に吸い上げられる。増配や自社株買い、資産売却による現金化などで、外国人投資家にしゃぶりつくされる。会社をしゃぶりつくしたら、株主は株式を売約し、ほかの会社に乗り換える。また、外国たる彼らの母国が期待した収益があげられなければ買収した日本企業は清算され、従業員は解雇される。そうなれば、従業員は「ご自分で次の転職先を探してください」というわけだ。終身雇用を破壊し、転職が当たり前の雇用形態にすることが、投資家と人材派遣業にとって好都合であることがわかる。そうなれば、日本人は外資系企業で指示通りに働くだけのただのコマとなる。これが〝経済植民地化〟だ。

経済植民地には人材は育たない。日本の半導体産業振興の今後の要である人材育成など、到底、及びもつかなくなる。

ところが、倒産の憂き目にあって路頭に迷うことなどないであろう公務員が、政府の方針のもと、対日直接投資増加に全力を挙げているのが今の日本だ。

疑問しか浮かばない政府による対日直接投資の拡大政策

２０１３年、当時の安倍晋三内閣は対日直接投資推進会議を組織し、「２０２０年までに対日直接投資残高を35兆円に倍増する」という目標（ＫＰＩ）を掲げた。対日直接投資の拡大に向けた取組である。

対日直接投資残高は、２０２０年12月末時点で39兆７０００億円となり目標は達成された。目標を達成した対日直接投資推進会議は２０２１年６月、対日直接投資促進戦略として、さらに、２０３０年における対日直接投資残高を80兆円へ倍増させる目標を掲げた。

その流れを受け、２０２２年５月５日、岸田文雄首相はロンドン・シティで、次の内容を含む演説を行った。

《今日は、私が提唱する経済政策、特に新しい資本主義についてお話しししたいと思います。私からのメッセージは一つです。「日本経済は、これからも、力強く成長を続ける。安心して、日本に投資して欲しい」、Ｉｎｖｅｓｔ ｉｎ Ｋｉｓｈｉｄａ（岸田に投資を）です。

もちろん、日本には多くの課題があります。私は、この解決のため、先頭に立って真正面から改革を進める覚悟です。

地政学的リスクの在り様が大きく変化し、サプライチェーンの組替えや、資源・エネルギーの調達や供給の在り方が想像しない形で変わる不安定な時代です。だからこそ、日本の安定性が強みになります。

成長を続け、しかも安定している日本市場、安全・安心な日本企業・製品・サービスは買いだと申し上げます》（首相官邸ウェブサイト「ギルドホールにおける岸田総理基調講演」より）

実際に岸田政権は外資を積極的に取り入れようと動いている。

2023年4月26日、岸田内閣は、2030年までに対日直接投資残高を80兆円から100兆円へ増額する目標を盛り込んだ「海外からの人材・資金を呼び込むためのアクションプラン」を発表した。次の5つを柱としている。

1）国際環境の変化を踏まえた戦略分野への投資促進・グローバル供給網の再構築
2）アジア最大のスタートアップハブ形成に向けた戦略
3）高度外国人材の呼び込み、国際的な頭脳循環の拠点化に向けた制度整備

4）海外から人材と投資を引きつけるビジネス・生活環境の整備
5）「オールジャパン」での誘致・フォローアップに対しての抜本強化、主要7カ国（G7）首脳会議などを契機とした世界への発信強化

しかし、外国人投資家による日本企業の買収から生じる外国の経営スタイルの導入や外国人の国内流入が、果たして、雇用の創出や生産性向上などの効果を生むだろうか。

外資系企業は、従業員のリストラを簡単に行う。生産性向上という言葉を使ったところで、それは外資系企業によく見られる「カネ・カネ・カネ」ばかりのデータないし、グラフ上の動きにすぎないのではないか。

外資系企業に買収された元日本企業に派遣された外国人経営者の多くは、本国への栄転を目指して仕事をする。注力するのは短期的な業績向上であり、買収された日本企業が中長期的な成長を行う上で必要な投資は行わないし興味もないことは、先述した通りだ。

さらに、特に半導体産業においては、きわめて大きな問題をはらむ。外国人投資家が日本企業を買収することで影響力を行使し、今後の日本の成長に必要な技術や情報を国外に流出させる可能性も考えられる。そうなると、流出した技術と情報は、ただちに外国の経済成長に利用されてしまうのだ。

対日直接投資の推進は、経済安全保障の観点からも深刻な問題を生む可能性がある。対日直接投資の推進が果たして国益に資するのかどうか、対日直接投資推進論者の意見を鵜呑みにすることなく、負の側面も直視して検討することが必要だ。

目にあまる国を売りやすくするための諸政策

次に、対日直接投資推進にかかわる主要な人たちはどのような人なのか、政府公表資料をもって紹介しておこう（**巻末参考資料7、8、9**）。

2022年4月27日、経済財政諮問会議において、萩生田（はぎうだ）光一経済産業大臣（当時）は、次のように発言した。

1）外国資本による日本企業のM＆Aを円滑に進める方策について検討する

2）日本貿易振興機構を使い、外国企業との協業等に不慣れな企業への伴走を支援する

同年7月13日の対日直接投資推進ブロック会議で使用された、経産省・投資促進課による配布資料「対日直接投資拡大に向けた取組について」には、外国人投資家による日本企

図表9　外国企業による対日投資事例とその波及効果

海外の先端技術の取込み	**海外の先端技術の取込み**
グリーン・フィールド型 **EXOTEC** （スタートアップ／ロボット、フランス） ・小売り・Eコマース・製造業の倉庫向けの自動化ソリューション。ファーストリテイリングが導入した他、IHIのグループ会社ともパートナー契約を締結。	グリーン・フィールド型 **TSMC** （半導体、台湾） ・2021年、熊本への半導体生産拠点設立を発表（2024年内生産開始予定）。 ・国内サプライチェーン構築や地元への経済波及効果が期待。
地域資源と海外活力の融合	**生産性向上・競争力強化**
ブラウン・フィールド型 **カーライル × 三生医薬** （PEファンド、米国）（医薬品・健康薬品） ・オーナーが事業承継を検討する中、グローバル展開を目指し、2014年にカーライルによる出資を受入れ。 ・海外販売率比率が9.4倍に増加。	ブラウン・フィールド型 **KKR×PHC** （PEファンド、米国）（旧パナソニックヘルスケア） ・2013年、KKRはパナソニックよりパナソニックヘルスケアを買収を発表。（買収額1650億円） ・迅速な意思決定体制の実現と資本投下により、加速的な利益成長を実現。

（出典）各種公表資料より作成　　令和４年７月13日対日直接投資推進ブロック会議資料

業へのM&Aを後押しするために、事業再編とコーポレートガバナンスを強化すること、および、政府による投資環境整備と規制緩和を推進することが明記されている（**図表9**）。

また、同資料によれば、想定される買い手は外資系投資ファンドである（**図表10**）。

経産省・投資促進化による配布資料「対日直接投資拡大に向けた取組について」から明らかに読み取れるのは、政府は外国人投資家に日本企業の売却を推進する方針である、ということだ。

2023年8月、経産省は「企業買収における行動指針」を公表した。政府のこの新たな指針は、合理的な理由なく敵対的買収提案を拒んではならない、ということが柱となっている。指針の策定に先立っては同年5月、安藤元太(げんた)経済産業政策局産業組織課長が「買収を阻害する行動を律していく」と発言した。

投資ファンドの常とう句に、「買収の提案者と対象企業の経営陣が合意していないとしても、買収が株主利益や企業価値向上につながる可能性はある」という、ファンドにとってまことに都合のいいフレーズがある。対日直接投資を増やしたいために、ついに日本政府はこのフレーズを使い始めた。

「敵対的買収」という用語がある。英語の「Hostile Takeover」の対訳だ。「Hostile」はまさに「敵意ある」という意味だから、敵対的買収は和訳として限りなく正確である。

ところが、「企業買収における行動指針」には、用語の解説として次のように書かれている。

《C 同意なき買収とは、対象会社の取締役会の賛同を得ずに行う買収をいう。英語のhostile takeoverに相当する買収が含まれる》(経済産業省「企業買収における行動指針」1・4 本指針において用いる用語の意義)

政府は「Hostile Takeover」の和訳を「敵対的買収」ではなく「同意なき買収」に変えた。そうすることで、企業価値向上につながる買収提案を出しやすくするほか、買収提案を妨(さまた)

図表10　対日直接投資の全体像と経済産業省関連の取り組み

・外国企業による日本への投資を類型化すると、**法人・拠点設立によるグリーン・フィールド型**の投資および**M&A・資本提携等によるブラウン・フィールド型**に分類される。

・また、両タイプにおいて、海外から直接、日本への投資が実行されるケースと、日本進出済み企業が、新たな拠点設置や買収等を実行するパターンに大別。

・対日投資の拡大に向け、それぞれのパターンに応じた取り組みを実施。

	グリーン・フィールド型（法人・拠点・工場設立）	ブラウン・フィールド型（業務・資本提携およびM&A等）	
日本拠点無し（新規）	JETROによる外国企業誘致活動	・JETROによる、外国・外資企業と自治体、企業、大学等とのマッチング等 ・協業に向けた伴走支援（J-Bridge）	・対日M&A活用ガイダンス・事例集作成
（共通）	各産業分野における支援制度・補助金		
日本進出済（二次）	JETROによる、外国・外資企業と自治体、企業、大学等のマッチング等		
投資環境整備		事業再編・コーポレートガバナンス強化	
	政府による投資環境整備、規制緩和		
	JETROによる投資環境の情報発信 等		

（令和４年７月13日対日直接投資推進ブロック会議資料より作成）

げにくくする、というのである。「Hostile」が、いつから〝同意なき〟という意味に変わったのか。

米国や英国では、買収提案があった際には原則として速やかに取締役会に共有され、取締役会がそれを議論することになっている。今回の指針には、明らかに日本の従来のM&Aを英米の仕組みに改変する狙いがある。

「企業買収における行動指針」は、提案があった場合、検討段階では現経営陣の企業価値向上策とデータなどをもとに定量的に比較することを求めている。「企業価値」を「株主価値（時価総額）と純負債価値の合計」と定義しているのである。

さらには「測定が困難な定性的な価値を強調することで企業価値の概念を不明確にして、経営陣が保身を図るための道具とすべきではない」と強調している。見えない企業価値は無視する、というのは外資系投資ファンドの一方的な論理である。それを日本政府が採用した。危険な方針変更である。

経産省「対日M&A課題と活用事例に関する研究会」の委員を務めた、米投資ファンド「カーライル」日本副代表の大塚博行氏をはじめ、「上場している以上は買収提案が起こることを前提に経営するべきだ」という声は多々ある。しかし、「買収によって企業の成長を促す」などは、敵対的買収を正当化するための美辞麗句に過ぎない。

外国人投資家のターゲットには、当然、半導体の先端技術を持つ日本企業や製造装置の企業などが含まれている。それがどれだけの経済上そして安全保障上の危険をはらんでいるか、読者の方々はすでによくおわかりのはずだ。

こんな対日直接投資が国益を損なう

対日直接投資の推進は、大前提として、日本の企業の競争優位を強化するために行われなければならない。それが国益を守るということだ。

ところが、実際には国益を損なう対日直接投資も出てきている。ほんの一例を紹介しておこう。

２０２３年12月21日、韓国のサムスン電子が、神奈川県横浜市西区の「みなとみらい21地区」に半導体業界における微細化を進める先端パッケージ技術の研究施設「アドバンスド・パッケージ・ラボ」を開設すると公表した。

半導体を組み立てて成形する「後工程」の技術研究を進めるための施設である。異なる半導体を水平・垂直につなげる装置「ヘテロジニアス・インテグレーション」（種類の異なる複数の半導体チップをひとつのパッケージに収めること）を使い、小さなパッケージに多くのトランジスタを集積することを可能にしており、さまざまな機能を実装する高性能半導体向け3次元積層技術の開発拠点だ。

3次元積層技術とは、今まで平屋に並べてきたものをビル仕立てにするという考え方が基本となっている。トランジスタを上に積んでいくことで、発生する熱をいかに逃がすかという点に研究のポイントがある。これを量産できれば半導体産業の勢力図が変わるとも言われている先端技術だ。

サムスン電子は「横浜はパッケージ関連企業が多く、優秀な大学と人材もあるため、業界、大学、研究機関などと協力するのに適した場所のひとつである」と説明し、日本の半導体素材メーカーなどと連携して次世代半導体の研究開発を進めることを明らかにしている。サムスン電子には、半導体を積層にすることで情報処理速度を高める狙いがある。

同日、経済産業省は「ポスト5G情報通信システム基盤強化研究開発事業」の採択事業者として、サムスン電子の日本法人、日本サムスンを選定した。さらに、岸田首相は、これもまた韓国サムスン電子が横浜における先端半導体パッケージング研究拠点設立を表明したのと同日に開催された「国内投資拡大のための官民連携フォーラム」で、次のように言及した。

「国内企業はもちろん、世界の企業や、投資家からも、日本国内の投資に関心が集まっている。本日も、サムスンから半導体関連の新たな先端開発投資の表明があったという報告を受けた。国内投資によって全国に魅力的な仕事が生まれることを歓迎する。可処分所得の上昇に伴って消費が生まれ、そして、再び国内投資につながっていく。こうした実感が積み重なって、今日より明日がより良いと感じられる経済社会を国内投資を通じて実現していく」

「技術は調達するものであって、開発するものではない」という韓国サムスングループ創業者の言葉を先に紹介したが、サムスン電子の横浜新拠点への総投資費用は４００億円超とされている。そして政府は、サムスン電子に対して最大２００億円の補助金を支給する。経産省は補助金を通じ、日本の半導体産業の競争力向上につなげる、としている。しかし果たして思惑通りの道筋をたどるのだろうか。

少々専門的な話になるが、メモリーはシリコンウエハーから切り出された最小単位である「メモリーセル」の中に電子を蓄えて動作させる。２次元フラッシュメモリーでは、回路線幅の微細化でセルの数を増やして容量を拡大させた。微細化はやがて物理的な限界を迎える。１セル当たりの大きさやセル同士の間隔が15ナノメートル以下になると、書き込んだ情報が周囲のセルに干渉してしまうと聞く。

こうした事情もあり、ＮＡＮＤ型フラッシュメモリーの記憶容量をいかに拡大させるかを巡っては、各社ともに「積層化」という技術が開発のしのぎを削る分野になった。平面構造のセルを積み上げ、単位面積当たりのセルの数を増やした「３次元フラッシュメモリー」の層をどこまで増やせるか、そこが争点となっている。

２０２４年1月9日にサムスン電子が発表した２０２３年通期の連結決算（速報値）によると、売上高は同14・6％減の２５８兆１６００億ウォン（約28兆２０００億円）、本業の儲けを示す営業利益は6兆５４００億ウォン（約７１６８億１４００万円）で前年比85％も減少した。本書執筆時点で、サムスン電子は、稼ぎ頭であるＤＲＡＭメモリーのマーケットで、ＳＫハイニックスに追い上げられている。

ＳＫハイニックスは、ＨＢＭ[※22]でシェアを伸ばす途上にいる。ＨＢＭの量産においては後工程の組み立て技術や素材の放熱技術などが必要になる。サムスン電子の横浜における研究所開設の理由も実はここにあるのだ。

２０２３年6月6日、韓国政府は「第17回 非常経済民生会議」兼「半導体国家戦略会議」を開催した。会議では、次の３点が議論された。

※22：High Bandwidth Memory（３Ｄ積層メモリ技術の一種）

1）半導体メモリー分野の競合との技術格差の維持（筆者注・演算機能をメモリー内に実装するProcessing-in-Memorys〈メモリー回路内で積和演算を行う〉や、パワー半導体、先端パッケージングの研究開発を強化することを決めた模様）
2）非メモリー・システム半導体の育成
3）技術人材の確保

韓国政府の方向性に呼応するように、サムスン電子は「半導体の前工程、後工程における韓国国内関連産業の支援にも力を入れ、今後10年間で製造装置、材料の国産化に向けて5000億ウォン、韓国国内の中小規模のファブレス企業向けのMPWサービス（1ウエハーに複数のプロジェクトが設計した回路を搭載して試作を行うこと）などを含む支援に500億ウォンの支援を計画する」「有望な韓国企業への直接投資も進める」「日本の強みである材料や後工程技術を横浜の研究所を通じて韓国の後工程関係の韓国企業と共有し、その育成に使用する」という方針を発表した。

筆者は、サムスン電子は半導体パッケージ基板に強いイビデン株式会社や半導体のパッケージテストに強みを持つ株式会社アドバンテスト、あるいは研究機関などとの連携を模索し、後工程を改良して半導体の性能向上を目指そうとしている、と考えている。

つまり、サムスン電子が入手することになる日本で開発された後工程技術は日本では使われない、という結果に陥る。

2023年3月、サムスン電子は韓国・ソウル市近郊の龍仁(ヨンイン)市に新たな製造拠点を建設した。710万平方メートルの面積を持つ新製造拠点には今後20年間で総額約300兆ウォンが投資され、計5つの工場棟が建設される予定だ。「半導体国家戦略会議」で掲げられていたシステム半導体の育成についてはファウンドリ工場を2026年に着工し、2029年の稼働開始を予定している。

サムスン電子の中長期的な戦略はシステム半導体事業の強化である。ファウンドリの能力優位において世界第1位である台湾TSMCとサムスン電子の差は半導体の後工程の作業能力にあると言われている。

メモリーだけでなくシステム半導体でも世界のトップを目指すサムスン電子には、後工程に強い日本の企業との共同研究が欠かせないのだ。サムスン電子の狙いは、明らかに、現状の半導体製造能力に日本の半導体素材・部品・設備・後工程の能力を結び付けることにある。システム半導体事業においても半導体の積層技術は重要な役割を果たす。

サムスン電子は龍仁市に隣接する平澤(ピョンテク)市でも半導体生産能力の増強を進めている。さらに、液晶パネル工場から半導体後工程用工場に転換した天安(チョナン)工場の周辺や牙山(アサン)市で、半導体パッケージ技術の開発能力強化と生産能力強化のための投資を行う計画を進めている。サムスン電子はファウンドリ企業やパッケージ関連の装置、材料企業との協業を進めることで、韓国で関連産業の育成を目指すことを明らかにしている。すべては自国・韓国のためにやっていることだ。つまり、日本で開発された技術は韓国企業に移転される。日本は日本企業の強力な競争相手を育成する、ということになる。

半導体産業復活こそが日本経済復活の道

習近平最高指導者は、台湾への武力侵略を否定していない。また、沖縄県石垣市登野城尖閣にあるわが国固有の領土、尖閣諸島を「核心的利益」と呼び、２０２２年８月には、日本の排他的経済水域内に、ミサイル５発を着弾させ、武力で日本を威嚇した。中国は個人支配体制を維持するため、西側諸国の思想を共産主義の独裁政治体制に対する脅威として排斥している。復古的な思想形態を持つ習近平体制は異例の第３期目に入る際に、中国共産主義青年団出身者を一掃した。

そんな中国を米民主党政権は競争相手と見ているが、一方で中国は米国を闘争相手と見ている。自由主義世界を主宰する米国と権威主義国家中国の闘争はすでに始まっている。

中国の特色ある社会主義を放置して経済のグローバル化を進め、中国に工業力を与えた結果、中国は戦後の国際秩序を力により変更しようとしている。

米国は、中国が先端技術を軍事転用し、兵器を智能化戦争に対応することを防ぐため、先端軍民両用技術の輸出管理を厳しくした。2022年に施行された先端半導体の対中輸出規制は、以上の背景で行われている。

ところが、多くの日本人は半導体規制が行われた背景について認識していない。先端半導体技術の中国移転を阻止することは、経済安全保障の問題でもあり、国家安全保障に直結する問題でもある。

超限戦を行う中国は貿易も武器化する。中国はエコノミック・ステートクラフトを多用し、中国の政治的目的を達成するため、他国からの輸入を禁止したり、高関税をかけたり、中国からの輸出を止めたりして、相手国に経済的手段による影響力を行使しようとする。中国政府が、北海道産の帆立貝を始めとする日本の海産物を突然輸入禁止した事件を記憶している読者も多いだろう。このような行動に出る権威主義国家との取引は企業にとって不確実性に満ちたリスクである。実際に2023年、対中直接投資は記録的な減少を示したことは先述した通りだ。

西側諸国が、中国に警戒感を抱き、輸出規制や脱中国の動きを強めた。これに対抗して中国が打ち出したのは双循環戦略だ（詳細は第2章）。ところが、双循環戦略の狙いもわからずに、「中国ビジネスにコミットする」と言うナイーブな企業経営者もいる。

中国製造2049が達成される時は、品質・性能・価格で中国製品に劣る日本製品を買う中国人はなく、日本企業の中国での売り上げがなくなるときだ。目先の売上だけを考える短期思考経営は、4半世紀後に企業を存亡の機に直面させることになるだろう。

繰り返すが、中国の工業情報化省は中国の自動車関連メーカーを集めた内部の会合で、電気自動車に使う半導体などを対象とし、「中国企業の国産品の部品を使う」ように口頭で指示を出したと報じられている。工業情報化省などは「自動車産業の着実な発展に関する作業計画（2023～2024年）」の中で、サプライチェーンの安全を監督する枠組みを設立する方針を明らかにした。日米欧の自動車部品メーカーと中国の自動車部品メーカーとに合弁会社設立を強制し、合弁会社経由で西側自動車部品メーカーの技術を盗み取った。これから中国以外の電子部品メーカーは、お役御免となり、中国から追い出される。本書で再三警鐘を鳴らしたことは、いよいよ現実味を帯びてきているのだ。

すでに中国と取引がある企業がなすべきことは、脱中国による売り上げに占める中国の割合の希薄化と中国を外したサプライチェーンの再構築である。米国は半導体の開発・生産を中国から自国で行う政策に転換した。この流れをとらえ、日本を組み込んだ中国抜きの半導体サプライチェーンを再構築する好機が到来している。マルウェアが仕込まれているかもしれない危険な外国製半導体の使用は、安全保障上も避けなければならない。では安心・安全な半導体を量産する国はどこかと言えば、やはり日本しかない。

半導体に対する産業政策を見ると、米国は、2022年に成立したCHIPS法（第3章を参照）に基づき、米国の半導体生産と研究に527億ドル（7兆8000億円）を支出し、240億ドル相当の半導体工場の税額控除を実施した。中国は1兆元（約22兆3000億円）を超える半導体産業支援計画を打ち出し、中国企業が中国国内の半導体設備を購入する際に巨額の補助金を支給する。企業は半導体製造工場の建設コストの20％の補助金を得られる。

また、台湾や韓国は国の命運をかけて半導体産業を育成しようとしている。韓国の半導体企業2社が、2047年までに半導体メガクラスターに投資する金額は68兆円を超える。

では、日本はどうか。経済産業省が2023年度の補正予算案で、ラピダスの試作ラインやインテルの研究拠点の整備、先端半導体の設計向けに、およそ6500億円を計上した。TSMC熊本第2工場の建設費などには7700億円程度を充てるほか、力晶積成（りきしょうせきせい）電子製造（台湾）の宮城工場の建設費用や半導体製造装置、パワー半導体に4600億円程度を追加する。しかし、日本の半導体に対する補助が、米国、中国、台湾、韓国と比べると足りないと感じる読者も多いのではないか。

政府は先端半導体の早期量産化だけではなく、パワー半導体やアナログ半導体など、日本企業が得意な分野にもっと資金を補助することが必要である。日本政府は半導体材料や半導体製造装置の競争優位を確保しながら、ファウンドリの育成に向けアクセルを踏むべきだ。また、半導体材料や半導体製造装置の機密情報を厳格に管理し、海外の企業に日本企業の機密情報を盗み取られないための対策をとることも重要だ。特に、半導体材料や半導体製造装置産業を育成して日本の競争優位を低下させることを鮮明にしている韓国や台湾には警戒を怠るべきではない。

先述したように、韓国企業へ流れた技術情報が中国に流れ、日本企業の国際的な競争優位を脅かすことは、日本製鉄の電磁鋼板の事例が雄弁に物語る。直観的だが、外国の半導体産業への補助を見ると、日本は年間５兆円規模の補助を半導体業界に対して行うことが必要ではないか。

政府だけではない。日本企業にも戦略思考を持ってほしい。日本の半導体完成品の市場占有率が落ちた原因は、日本の大手半導体メーカーの側にも一因があった。日本の総合電機企業の経営陣が半導体のビジネスに精通していなかったのだ。このため、不況時に半導体事業へ設備投資などを行い、好景気の時に売上を伸ばす意思決定ができなかった。これから半導体事業を行う経営者は、台湾や韓国がどのように半導体事業を伸ばしたのかを分析し、過去の失敗を繰り返さないことが必要だ。

また、日本の弱点は電子機器の「頭脳」の役割を担う中央演算処理装置（CPU）である。日本には最先端のCPUをつくる工場はない。先に述べたように、この分野に関しては、日本は先頭を走る台湾より9世代（10年）遅れているのが現実だ。今後、日本が半導体で復活するためには、先行する海外企業と連携しながら、先頭を走る海外との距離を詰めていくしかない。利用者が多いデファクト製品（市場競争によって業界標準と認められた規格や製品）市場に参入できていないことを直視し、これから巻き返しを図るべきだ。半導体の完成品分野が強化されれば、世界的に競争優位がある産業機器や工作機械産業に半導体を供給し、これらの産業の競争優位が、さらに強化されることが期待できる。

その意味でも、ハゲタカファンドから文句を言われることは百も承知の上で言うが、政府は日本企業の身売り推進政策を止め、日本の半導体材料企業や半導体製造装置企業へのM&Aを規制し、日本企業が外国の半導体関連企業を買収する攻めの政策変更も必要だ。

日本で半導体産業を再興するためには、安価な電気代の提供が重要である。再エネ利権の原資となっている再エネ賦課金を廃止し、安全の確認が取れた原子力発電所を再稼働して、安価な電気を日本の製造業に提供しなければならない。

また、政府は民間企業の技術者や研究者を活用し、基礎研究に資金をつぎ込み、半導体材料や製造装置の最先端技術開発を支援することも必要だろう。

そして、日本版軍民融合政策を導入し、大きく左傾化した学術界から共産主義国家の浸透工作を受けた敗戦利得者を引退させ、学術界の持つ技術を防衛産業に活用し、官産学共同で最先端技術開発ができる環境を整備することも急務だ。

ところが、岸田内閣が進めていることは、日本の半導体業界を含む製造業を弱体化させることばかりである。最先端技術を使ったモノづくりができない国は衰退する。しかも日本の財界人の中には現状認識が不足している者も散見される。

今こそ産業政策の変更が必要だ。産業界や学術界には、かつて世界一であった半導体に関する知見が残っている。日本に残る半導体技術や知見を活かして半導体産業を再生することが必要である。日本企業が競争優位を持つ分野を補助金付きで競合相手と共同研究させ、日本の競争優位を低下させる政策は国益に反する。日本の半導体産業は再生できるかどうかの最後のチャンスを迎えているのだ。このチャンスを決して逃してはならない。

おわりに　「脱中国」できなければ国は亡ぶ

民生品に使われる技術が進化し、軍事転用されるようになって久しい。中国は経済のグローバル化に便乗し、西側諸国から生産拠点を呼び込み、軍民両用技術を移転させ、世界第2位のGDPを誇る国になった。しかし、経済成長を遂げた中国は西側諸国の楽天的な予想に反し、民主化と逆の方向に舵を切った。

中国共産党は経済成長によって得た国富を惜しげもなく軍事拡張に使い、軍備の近代化を進め、力による国際秩序の現状変更を隠さなくなり、南シナ海を自国の海だと主張して人工島を建設し、虎視眈々と台湾を侵略しようとし、日本の固有の領土である尖閣諸島を一方的に革新的利益として侵略する意図を隠さない。中国の一連の行動は東アジアの平和に深刻な影を落としている。

2015年、中国政府は産業政策「中国製造2049」を掲げ、世界一の工業国になると宣言した。この計画が実現すれば、中国が諸国の生殺与奪の権を握ることになる。西側諸国は自由で開かれた民主主義体制を守るために団結して、独裁者を個人崇拝する中国に対峙することが必要だ。

民主主義の西側諸国と権威主義の中国の技術覇権争いは始まっている。技術の進化により、先端技術を獲得した国が覇権国家になる。人工知能や量子計算技術の優劣が戦争の勝敗を分ける。各国は、これらの先端技術を兵器や軍事システムに組み込もうと注力している。その象徴こそが半導体である。自由で開かれた社会を子孫に引き継いでいくためにも、日本は半導体技術を進化させ、競争優位を維持していくことが必要になる。米国による半導体規制は米中対立を先鋭化させ、さながら半導体世界大戦の様相を呈している。

中国は超限戦に従い、半導体や自由貿易を兵器として使い、西側諸国と闘争を続けているが、一部の日本企業経営者はこの現実を認識できていない。

西側諸国に路線転換を見破られた中国は双循環戦略を打ち出した。中国政府の変化を見た欧米企業は対中直接投資を減らし、２０２３年は記録的な減少となった。

しかし、日本の企業経営者の中には中国共産党の掲げた改革開放路線当時に、中国共産党とともに業績を上げ、代表取締役にまで上り詰めた者が多くいる。彼らは中国共産党が改革開放路線を捨て、独裁者に奉仕する法律を施行して、規制統制路線に舵を切っても企業の方向転換ができずにいる。双循環戦略を見抜き、脱中国を推進せずに中国に徒党を組んで出かけ、中国共産党と面談し、戦略的互恵関係を確認したと声明を出している。

頭では中国の方向転換がわかっていても、脱中国を推進し、自社における中国向けの売上比率を希薄化することも怠り、改正反スパイ法や改正国家秘密保護法が施行された中国に従業員を駐在させている。

一方で、経営者やその家族は安全な日本国内にいるのはどういうわけか。中国に駐在する従業員にも家族がいることをわかっているのだろうか。以前の財界トップは「財界総理」と尊敬され、国富を増やし、国民がみな豊かになることを考えていた。最近は株主資本主義のスポークスマンでも「財界総理」が務まるらしい。畏怖される経済人が本当に少なくなってしまった。

第2章で紹介した双循環戦略に与し、中国製造2049が達成され、企業が存続の危機に直面したら、その罪は万死に値する。過去のしがらみで企業の方向転換ができないなら潔く辞任することも選択肢だ。

政界に目を向けると、政治資金の問題が国民の政治不信を招いている。外国人を通じて政治資金パーティー券を販売することは「事業収益」という理由で合法とされ、多くの政治家が外国人にパーティー券を販売し、政治資金を得ている。しかし、外国由来の政治資金は国益最優先の政治と利益相反関係にある。外国人を通じて政治資金パーティー券の購入に頼る政治家ゆえに、外資系投資ファンドが優秀な半導体関連技術を持つ日本企業や通信に携わる日本企業を買いやすくする政策を進めるのではないか。

そして、韓国と関係が深い日本の政治家が韓国政府の主導による半導体製造装置企業や半導体材料企業の育成を手助けしようとしていないか。中国から半導体技術を盗み取りにくる留学生を黙認し、日本が技術的に優位にある半導体の後工程技術や製造装置、材料の技術を教えるような政策を推進しようとしていないか。明らかに国益が蔑ろにされている。

中国は半導体産業の技術向上に力を入れている。日本政府は西側諸国と協力し、21世紀のココム（社会主義諸国に対する資本主義諸国からの戦略物資・技術の輸出を統制するために1949年に設けられた協定機関）を新設し、レガシー半導体を含むすべての半導体の技術移転や製造装置、材料の販売を規制すべきだ。留学生も退去させることが必要になる。東西冷戦終結前と同じく、共通の価値観を持つ国家間でのグローバル化に戻し、独裁国家とのデカップリングを行う時が来ている。

2023年、中国企業は半導体製造装置やその部品の備蓄を始めたが、戦争が始まる前に兵糧や武器を買いだめする行為と重なって見える。半導体製造装置や半導体材料の会社に勤務する方には、中国が半導体のサプライチェーンにおける西側諸国依存を断とうとしていることを忘れないでいただきたい。目先の儲けにつられて中国に半導体製造装置や部品を売った結果、自分の勤務する会社が中長期的になくならないか、日本製鉄と電磁鋼板技術の話を思い出して、よく考えてほしい。中国政府は電気自動車用半導体で外資系企業の締め出しに動き始めたが、これはひとつの兆しだ。

このままでは中長期的に日本の半導体産業は全て競争力を失っていくだろう。日本を豊かに、強くするために産業政策をジャパン・ファーストに軌道修正し、脱中国を推進し、日本の半導体を復活させねばならない。日本は、モノづくりの国なのだ。

外国人投資家のお先棒を担いで優秀な日本企業の身売りを手伝えば、そちらの方がカネになるだろう。しかし、私はこの現状を座視できない。一人でも多くの読者に、日本の半導体政策の転換が必要であることを知ってもらうため本書を執筆した。

２０２３年10月17日のことだ。第一ホテル東京で行われた日本保守党の結党記念パーティーに参加した私は、同じホテルのバーで、パーティーに出席した畏友・門田隆将氏ほか数名と一献傾けていた。その時に、私が「半導体に関する本は数多く出版されているけれど、経済安全保障の観点から半導体について書かれた本がないね」と何気なく口にしたひと言が、本書出版のきっかけである。

本書執筆を励ましてくれた門田氏、そして、尾崎克之氏、ワック株式会社出版編集部ほか、多くの方の協力がなければ、本書を出版することはできなかった。この場を借りて感謝を述べたい。

【主な参考文献】

・龐宏亮著『中国軍人が観る「人に優しい」新たな戦争 知能化戦争』（五月書房新社／2021年）
・喬良・王湘穂著『超限戦　21世紀の「新しい戦争」』（角川新書／2020年）
・デヴィッド・A・ボールドウィン著『エコノミック・ステイトクラフト　国家戦略と経済的手段』（産経新聞出版／2023年）
・玉井克哉・兼原信克編著『経済安全保障の深層　課題克服の12の論点』（日本経済新聞出版／2023年）
・兼原信克著『日本人のための安全保障入門』（日本経済新聞出版／2023年）
・伊集院敦・日本経済研究センター編著『アジアの経済安全保障　新しいパワーゲームの構図』（日本経済新聞出版／2023年）
・「外商投资准入特别管理措施」（负面清单）（2021年版）中华人民共和国国家发展和改革委员会（https://www.ndrc.gov.cn/xxgk/zcfb/fzggwl/202112/P020211227540591870254.pdf）
・西山淳一（公益財団法人未来工学研究所　研究参与）著「ロシアはなぜ西側半導体を必要としているのか：ロシア兵器における半導体利用の実態」（『CISTECジャーナル』206号／一般社団法人安全保障貿易情報センター／2023年）
・「長年の信頼関係を軸にパートナーシップを深める　新日鉄—宝鋼友好協力30周年」（『NIPPON STEEL MONTHLY』2007年12月号）
・平井宏治著『経済安全保障リスク　米中対立が突き付けたビジネスの課題』（育鵬社／2021年）
・平井宏治著『経済安全保障のジレンマ　米中対立で迫られる日本企業の決断』（育鵬社／2022年）
・門田隆将著『日中友好侵略史』（産経新聞出版／2022年）
・クリス・ミラー著『半導体戦争　世界最重要テクノロジーをめぐる国家間の攻防』（ダイヤモンド社／2023年）
・湯之上隆著『半導体有事』（文春新書／2023年）
・総務省／情報通信審議会「市場環境の変化に対応した通信政策の在り方　第一次答申」（2024年２月９日）
・「対日直接投資促進戦略」〔令和３年６月２日　対日直接投資推進会議決定〕（http://www.invest-japan.go.jp/committee/chuchoki.pdf）
・米戦略国際問題研究所「Balancing the Ledger: Export Controls on U.S. Chip Technology to China」（https://www.csis.org/analysis/balancing-ledger-export-controls-us-chip-technology-china）
・北村滋『経済安全保障』（中央公論新社／2022年）
・田村秀男・渡部悦和著『経済と安全保障』（育鵬社／2022年）
・菊地正典著『半導体産業のすべて』（ダイヤモンド社／2023年）

参考資料1　エンティティリストに掲載された企業・団体等（2023年10月6日〈米国時間〉）

番号	企業・団体名	国
1	Ace Electronics (HK) Co., Limited.	China
2	Alliance Electro Tech Co., Limited.	China
3	Alpha Trading Investments Limited.	China
4	Asialink Shanghai Int'l Logistics Co., Ltd.	China
5	Benico Limited.	China
6	C & I Semiconductor Co., Ltd.	China
7	Check IC Solution Limited.	China
8	Chengdu Jingxin Technology Co. Ltd.	China
9	China Shengshi International Trade Ltd.	China
10	E-Chips Solution Co. Ltd.	China
11	Farteco Limited.	China
12	Glite Electronic Technology Co., Limited.	China
13	Global Broker Solutions Limited.	China
14	Grants Promotion Service Limited.	China
15	Guangdong Munpower Electronic Commerce Co. Ltd.	China
16	Huayuanshitong Technology Co. Ltd.	China
17	IMAXChip	China
18	Insight Electronics	China
19	Kingford PCB Electronics Co., Ltd.	China
20	Kobi International Company	China
21	Most Technology Limited.	China
22	New Wally Target International Trade Co., Limited.	China
23	Nuopuxun Electronic Technology Co., Limited.	China
24	Onstar Electronics Co. Ltd.	China
25	PT Technology Asia Limited.	China
26	Robotronix Semiconductors Limited.	China
27	Rui En Koo Technology Co. Ltd.	China
28	Shaanxi Yingsaeir Electronic Technology Co. Ltd.	China
29	Shanghai IP3 Information Technology Co. Ltd.	China
30	Shenzhen One World International Logistics Co., Limited.	China
31	Shvabe Opto-Electronics Co. LTD.	China
32	Suntop Semiconductor Co., LTD.	China
33	Tordan Industry Limited.	China

（参考資料１の続き）

番号	企業・団体名	国
34	TYT Electronics Co. Ltd.	China
35	UCreate Electronics Group	China
36	Wargos Industry Limited.	China
37	Win Key Limited.	China
38	Xin Quan Electronics Hong Kong Co., Limited.	China
39	ZeYuan Technology Limited.	China
40	Zhejiang Foso Electronics Technology Co. Ltd.	China
41	Zixis Limited.	China
42	Zone Chips Electronics Hong Kong Co., Limited.	China
43	Elmec Trade OU.	Estonia
44	PT Technology Asia Limited.	Finland
45	Interquest GmbH.	Germany
46	Abhar Technologies and Services Private Limited.	India
47	C & I Semiconductor Co., Ltd.	India
48	Innovio Ventures	India
49	LL Chip Elektrik Elektronic Paz.	Turkey
50	Scitech Tasimacilik Ticaret Limited.	Turkey
51	Hulm al Sahra Elect Devices TR.	UAE
52	China Shengshi International Trade Ltd.	UK

出典：連邦官報から筆者作成
https://www.federalregister.gov/documents/2023/10/11/2023-22536/addition-of-entities-to-the-entity-list

参考資料２　エンティティリストに追加された中国の半導体開発会社(2023年10月17日)

番号	企業・団体名	備考
1	Beijing Biren Technology Development Co., Ltd. 北京壁仞科技開発有限公司	半導体の設計･サービス及び販売､人工知能･スマートシステム技術サービス等を行う
2	Guangzhou Biren Integrated Circuit Co., Ltd. 広州壁仞集成電路有限公司	半導体の設計･サービス及び販売､人工知能･スマートシステム技術サービス等を行う
3	Hangzhou Biren Technology Development Co., Ltd. 杭州壁仞科技開発有限公司	半導体の設計・サービス、人工知能ソフトウエア開発、技術サービス等を行う
4	Light Cloud (Hangzhou) Technology Co., Ltd. 光線雲(杭州)科技有限公司	ソフトウエア開発・販売、ネットワークデータサービスの提供、クラウド機器の販売等を行う
5	Moore Thread Intelligent Technology (Beijing) Co., Ltd. 摩爾線程智能科技(北京)有限責任公司	2020年NVIDIA元幹部により設立されたGPUチップファブレス企業。 同社の6分公司(上海/深圳/朝陽/武漢/西安/杭州)も含まれる
6	Moore Thread Intelligent Technology (Chengdu) Co., Ltd. 摩爾線程智能科技(成都) 有限責任公司	5. Moore Thread社の100%子会社
7	Moore Thread Intelligent Technology (Shanghai) Co" Ltd. 摩爾線程智能科技(上海)有限責任公司	5. Moore Thread社の100%子会社
8	Shanghai Biren Intelligent Technology Co., Ltd. 上海壁仞智能科技有限公司	2019年センスタイム元幹部により設立された人工知能チップのファブレス企業
9	Shanghai Biren Information Technology Co., Ltd. 上海壁仞信息科技有限公司	8. Shanghai Biren社の100%子会社
10	Shanghai Biren Integrated Circuit Co., Ltd. 上海壁仞集成電路有限公司	8. Shanghai Biren社の100%子会社
11	Superburning Semiconductor (Nanjing) Co., Ltd. 超燃半導体(南京)有限公司	5. Moore Thread社の出資先。半導体の設計・サービス、半導体、専用設備の販売、電子機器の販売等を行う
13	Suzhou Xinyan Holdings Co., Ltd. 蘇州新岩控股有限公司	10. Shanghai Birenの100%子会社。持株会社。企業管理、情報技術コンサルティング会社
14	Zhuhai Biren Integrated Circuit Co., Ltd. 珠海壁仞集成電路有限公司	10. Shanghai Birenの100%子会社。半導体の設計、サービス、販売などを行う企業

2023年10月17日（米国時間)、米商務省産業安全保障局（BIS）は、中国企業2社とその子会社（合計13社）が、先進コンピューティングの開発への関与を行っていることを理由に、エンティティリストに追加。BISによると、リストに掲載された組織は、米国の国家安全保障に脅威となる大量破壊兵器、先進兵器システム、ハイテク監視アプリケーション開発に人工知能機能を提供するために使用する高度な集積回路開発を行っている

参考資料３　半導体開発に注力している大学とその概要

中国の大学	概要
中国科学院 半導体 研究所	1960年、半導体研究所は、1956年に周恩来首相が導入した「国家科学発展12カ年計画」の必要性を満たすために北京に設立された。この計画では、半導体科学技術の発展がその１つとして位置づけられた。設立以来、中国における半導体科学技術の研究開発における最も重要な拠点の一つである。2024年のAD Scientific Indexでは、世界で最も優れた30%の科学者が所属する大学にランクされている。 半導体研究所には、２つの国立研究センター、３つの州主要研究所、３つの中国科学院の研究所がある。半導体研究所のスタッフは680名を超え、そのうち約500名が科学者で、その中には中国科学院学会員６名、CAE学会員2名、海外の研究者28名、「国家優秀若手学者基金」の受賞者16名が含まれる。 半導体研究所は国内外の交流と協力を重視しており、地方自治体、研究機関、大学、企業と40の共同研究所を設立し、企業と地域の経済発展のためのサービスを提供。さらに、半導体研究所は、10社以上のハイテク企業を設立した。これらの合弁企業とともに、半導体研究所は科学的成果を商業的および産業的価値のある製品化した。 半導体研究所の中長期戦略目標は、中国の発展と密接に関係し、国際科学技術の最前線にある基本的かつ将来を見据えた戦略的な科学技術イノベーションを実行し、中国のハイテク発展を促進すること。 中国の半導体科学技術の発展のリーダーとなるために、世界クラスの人材を惹きつけて育成し、世界先進レベルのオープンな実験・試験プラットフォームを確立することを目指している
西安交通大学	1958年に設立され、中国で最初に半導体技術の研究開発や人材育成を行う。半導体技術の研究と人材育成を目的とした初の研究所
華中科技大学	武漢に本拠を置く大学で、半導体システムの設計とプロセスに関する修士課程を提供
北京大学	2020年10月、同校は集積回路科学と工学が第一級分野として追加されたことを受け、中国の学者や民間企業の代表者らと非公開のイベントを開催。会議では、北京大学執行副学長の龔旗煌氏が、大学院生および博士課程の学生向けの最高レベルの集積回路科学および工学プログラムの正式な構築について専門家にアドバイスを求め、また、追加の北京代表者もプログラムのモデルと提案を提示。中国では、北京大学のプログラムに大きな成果が期待されている
復旦大学	復丹大学は、マイクロエレクトロニクスとエンジニアリングプログラムの歴史を持つ。2020年初頭に第一級分野として集積回路とエンジニアリングのパイロットプログラムを設立。カリキュラムは主な研究対象として集積回路に焦点を当てる。復丹大学マイクロエレクトロニクス学部の張偉学部長は、上海のイノベーションセンターを活性化するだけでなく、国家集積回路産業の発展にもつなげると発言

(参考資料3の続き)

中国の大学	概要
清華大学	半導体自給自足に向けた取り組みとして、「集積回路スクール」を設立。マイクロエレクトロニクスおよびナノエレクトロニクス学科と電子工学科が基盤となる。 2021年4月、清華大学は集積回路分野における国内の人材不足に対処するために「集積回路学部」を設立し、半導体コースで世界クラスのカリキュラムを導入する。学生への長期的な投資を通じて、集積回路分野で中心となる技術者や研究者を育成することを目指す。マイクロエレクトロニクスおよびナノエレクトロニクス部門の部長で清華大学マイクロエレクトロニクス研究所所長の呉華強氏が同校の初代学部長である。 1956年に初めて半導体専攻を設立して以来、清華大学は集積回路 分野で4000人以上の学部生、3000人以上の卒業生、五百人以上の博士課程の学生を輩出してきた。2016年から20年にかけ、卒業生の約7割が集積回路業界や科学研究分野に就職。清華大学の邱勇学長は開校式の挨拶の中で、国民感情を呼び起こし、自立した集積回路産業の発展において国家に奉仕する学校の義務を強調
深圳大学	半導体製造に関する研究機関である「Institute of Semiconductor Manufacturing Research (ISMR)」がある。中国の半導体産業の製造力強化のために設立された
深圳理工大学	2018年に設立された高等教育機関である深圳理工大学は2021年、セミコンダクター・マニュファクチャリング・インターナショナル(SMIC)と共に集積回路学部を共同設立。この学部には今秋60人の学生が入学し、IC設計と製造の高度なスキルを持つ人材を育成する
澳門(マカオ)大学	2010年11月、シミュレーション・ミックスドシグナル超大規模集積回路国家重点実験室(AMS-VLSI SK Lab)設置が承認された

参考資料4　大学の主な半導体関連の動き

名称	備考
北海道大学	「半導体拠点形成推進本部」設置
東北大学	「半導体テクノロジー共創体」設置
東京大学	「半導体デザインハッカソン」開始
名古屋大学	「先進半導体プラズマプロセスコンソーシアム」設立
三重大学	「半導体・デジタル未来創造センター」設置
岡山大学	「先端半導体テクノロジーコース」開設
広島大学	「せとうち半導体共創コンソーシアム」の新開発拠点開設
熊本大学	「情報融合学園」「半導体デバイス課程」新設
九州大学	「価値創造型半導体人材育成センター」設立
九州工業大学	「半導体中核人材リスキングセンター」開設予定
長崎大学	「マイクロデバイス総合研究センター」開設予定
大分大学	「半導体概論」新設

参考資料5　米国国家安全保障に脅威を与える大学・機関リスト

No.	大学・機関
1	Academy of Military Medical Sciences（AMMS)(中国) （中国人民解放軍軍事科学院軍事医学研究院）
2	Academy of Military Medical Sciences, Field Blood Transfusion Institution(中国)
3	Academy of Military Medical Sciences, Institution of Basic Medicine（中国）
4	Academy of Military Medical Sciences, Institution of Bioengineering（中国）
5	Academy of Military Medical Sciences, Institution of Disease Control and Prevention（中国）a.k.a.・Institution of Disease Control and Prevention
6	Academy of Military Medical Sciences, Institution of Health Service and Medical Information（中国）
7	Academy of Military Medical Sciences, Institution of Hygiene and Environmental Medicine（中国）
8	Academy of Military Medical Sciences, Institution of Medical Equipment（中国）
9	Academy of Military Medical Sciences, Institution of Microbiology and Epidemiology（中国）a.k.a. · Institution of Microbial Epidemiology
10	Academy of Military Medical Sciences, Institution of Radiation and Radiation Medicine（中国）a.k.a. · Institution of Radiation and Radiation Medicine Institution of Electromagnetic and Particle Radiation Medicine
11	Academy of Military Medical Sciences, Institute of Toxicology and Pharmacology（中国）a.k.a. ,Institute of Toxicology and Drugs
12	Academy of Military Medical Sciences, Institution of Military Veterinary Research Institute（中国）
13	Beijing Aeronautical Manufacturing Technology Research Institute (BAMTRI) （中航工業北京航空製造工程研究所)(中国）a.k.a. · Aviation Industry Corporation of China (AVIC) Institute 625
14	Beijing Computational Science Research Center（BCSRC)(北京計算科学研究中心)(中国）a.k.a.・Beijing Computing Science Research Center .CSRC
15	Beijing Institute Technology（北京理工大学)(中国）　国防7校
16	Beijing University of Aeronautics and Astronautics（BUAA)(北京航空航天大学)(中国）a.k.a.・Beihang University　国防7校
17	Beijing University of Posts and Telecommunications（BUPT)(北京郵電大学)(中国)
18	Center for High Pressure Science and Technology Advanced Research（HPSTAR)(北京高圧科学研究中心)(中国）a.k.a.・Beijing High Voltage Research Center

（参考資料5の続き）

No.	大学・機関
19	Chinese Academy of Engineering Physics（CAEP）（中国工程物理研究院）（中国）a.k.a. · Ninth Academy · Southwest Computing Center · Southwest Institute of Applied Electronics · Southwest Institute of Chemical Materials · Southwest Institute of Electronic Engineering · Southwest Institute of Environmental Testing · Southwest Institute of Explosives and Chemical Engineering · Southwest Institute of Fluid Physics · Southwest Institute of General Designing and Assembly · Southwest Institute of Machining Technology · Southwest Institute of Materials · Southwest Institute of Nuclear Physics and Chemistry (a.k.a., China Academy of Engineering Physics (CAEP) 902 Institute) ,Southwest Institute of Research and Applications of Special Materials Factory · Southwest Institute of Structural Mechanics · The High Power Laser Laboratory, Shanghai · The Institute of Applied Physics and Computational Mathematics, Beijing 901 Institute
20	Chinese Academy of Sciences - Shenyang Institute of Automation（中国科学院瀋陽自動化研究所）（中国）
21	Federal Research Center Boreskov Institute of Catalysis（ボレスコフ触媒研究所）（ロシア）
22	Federal State Budgetary Institution of Science P.I.K.A. Valiev RAS of the Ministry of Science and Higher Education of Russia（ロシア）a.k.a. · FTIAN IM K.A. Valiev RAS · FTI RAS FTIAN
23	Harbin Engineering University（ハルビン工程大学）（中国）国防7校
24	Harbin Institute of Technology（ハルビン工業大学）（中国）国防7校
25	Hefei National Eaboratory for Physical Sciences at the Microscale（中国）
26	Institute of High Energy Physics（IHEP）（ロシア）a.k.a.・Kurchatovskiy Institute ITEF
27	Institute of Solid-State Physics of the Russian Academy of Sciences（ISSP）（ロシア科学アカデミー個体物理学研究院）a.k.a. · Institute of Solid-State Physics of the Russian Academy of Sciences SSSR · Federal State Budgetary Institution of Science Institute of Solid-State Physics N.A. Yu.A. Osipyanof the Russian Academy of Sciences
28	Mabna Institute（マブナ研究所）（イラン）
29	Moscow Institute of Physics and Technology（MIPT）（モスクワ物理工科大学）（ロシア）a.k.a. · MFTI
30	Moscow Order of the Red banner of Labor Research Engineering Institute（ロシア）JSC a.k.a. · MINIRTI JSC

(参考資料5の続き)

No.	大学・機関
31	Nanjing University of Aeronautics and Astronautics (南京航空航天大学)(中国)国防7校
32	Nanjing University of Science and Technology(南京理工大学)(中国)国防7校
33	National University of Defense Technology (NUDT)(中国人民解放軍国防科技大学)(中国) a.k.a. · Central South CAD Center · CSCC Hunan Guofong Keji University
34	Northwestern Polytechnical University (西北工業大学)(中国) a.k.a. · Northwestern Polytechnic University · Northwest Polytechnic University Northwest Polytechnical University　国防7校
35	Ocean University of China (中国海洋大学)(中国)
36	Rzhanov Institute of Semiconductor Physics, Siberian Branch of Russian Academy of Sciences (ロシア) a.k.a. -IPP SB RAS · Institute of Semiconductor Physics IM A.V. Rzhanov
37	Sichuan University (四川大学)(中国)
38	Sun Yat-Sen University (中山大学)(中国)
39	Tactical Missile Corporation, Concern "MPO—Gidropribor" (戦術ミサイル兵器コーポレーションコンツェルンMPOギドロプ リボル)(ロシア) a.k,a, ·Joint Stock Company Concern Sea Underwater Weapons Gidropribor, Research Institute Gidpropridor
40	Tactical Missile Corporation, Joint Stock Company GosNIIMash (ロシア) a.k.a. -PPORosprofprom V ,,GOSNIIMASH^^ · State Research Institute of Mechanical Engineering · Pervichnaya Profsoyuznaya Organizatsiya Rossiskogo Profsoyuza Rabotnikov Promyshlennosti V -"GOSNIIMASH" · Joint Stock Company "State Research Institute of Mechanical Engineering" named after "V.V.Bakhirev"(バヒレフ国立機械製造科学研究所) SKB DNIKhTI
41	Tianjin University (天津大学)(中国)
42	University of Electronic Science and Technology of China (電子科技大学)(中国)

2023年6月30日　米国防総省が、米2019年度及び2021年度国防権限法に基づき公表

参考資料6　米国国家安全保障に脅威を与える人材プログラム

番号	人材プログラム名	備考
1	Changjiang Scholar Distinguished Professorship（中国）	中国教育部が高等教育において個人に授与する最高の学術賞
2	Hundred Talents Plan（中国）	中国の主要大学･研究機関の人材育成プログラム
3	Pearl River Talent Program（中国）	中国広東省の人材育成プログラム
4	Project5-100（5-100 プロジェクト）（ロシア）	ロシアの5つの大学を世界的な大学大学ランキングで、100番以内に収めるようにするロシア政府のプログラム
5	River Talents Plan（中国）	中国主要地域の人材育成プログラム
6	Thousand Talents Plan（中国）	中国の千人計画
7	Any program that meets one of the criteria contained in Section 10638 (4)(A) and either Section 10638 (4)(B) (i) or (ii) in the CHIPS and Science Act.	米CHIPS・科学法Section 10638（4）(A) 及び（4）(B)（i）又は（ii）の定義にあたるもの

米国防総省が2019年度及び2021年度国防権限法に基づき公表（2023年6月30日）

参考資料7　対日直接投資推進会議
対日直接投資推進会議 アドバイザー名簿（敬称略）

氏名	役職
秋池 玲子	ボストン・コンサルティング・グループ 日本共同代表
石黒 憲彦	独立行政法人日本貿易振興機構 理事長
伊藤 元重	東京大学 名誉教授
大田 弘子	政策研究大学院大学 学長
菰田 正信	三井不動産株式会社 代表取締役会長
神保 寛子	西村あさひ法律事務所 パートナー
髙島 宗一郎	福岡市長
チャールズ・レイク	アフラック生命保険株式会社 代表取締役会長
平井 伸治	全国知事会 会長
リシャール・コラス	シャネル合同会社 会長

参考資料８　対日直接投資促進のための中長期戦略検討ワーキング・グループ 構成員（敬称略）

氏名	役職
伊藤 元重（座長）	学習院大学国際社会科学部 教授
仲條 一哉（座長代理）	独立行政法人日本貿易振興機構 理事
浅井 英里子（構成員）	ＧＥジャパン株式会社 代表取締役社長
清田 耕造	慶應義塾大学産業研究所 教授
神保 寛子	西村あさひ法律事務所 パートナー
鈴木 直道	北海道知事
高島 宗一郎	福岡市長
日色 保	日本マクドナルドホールディングス株式会社 代表取締役社長兼CEO
山田 和広	カーライル・ジャパン・エルエルシー マネージング ディレクター日本代表
リヨネル・ヴァンサン	ルフェーブル・ペティエ・エ・アソシエ外国法事務弁護士法人 マネージングパートナー

参考資料９　規制・行政手続見直しワーキング・グループ 構成員

氏名	役職
浦田 秀次郎（座長）	早稲田大学大学院アジア太平洋研究科 教授
大崎 貞和（座長代理）	株式会社野村総合研究所未来創発センター主席研究員
飯田 哲也（構成員）	行政書士飯田哲也事務所所長
今冨 雄一郎	横浜市経済局成長戦略推進部長
クリスティン エドマン	エイチ・アンド・エム ヘネス・アンド・マウリッツ・ジャパン株式会社代表取締役社長
高島 大浩	独立行政法人日本貿易振興機構対日投資部長
ヒールシャー 魁	デロイトトーマツ税理士法人エグゼクティブオフィサー
ケネス レブラン	シャーマンアンドスターリング外国法事務弁護士事務所パートナー
平井 伸治	全国知事会 会長
リシャール・コラス	シャネル合同会社 会長

平井宏治（ひらい　こうじ）
1958年生まれ。電機メーカーやM＆A助言、事業再生支援会社などを経て、2016年から経済安全保障に関するコンサル業務を行う株式会社アシスト代表。20年から一般社団法人日本戦略研究フォーラム政策提言委員。著書に『経済安全保障リスク』（育鵬社）、『トヨタが中国に接収される日』（ワック）がある。早稲田大学大学院ファイナンス研究科修了。

新半導体戦争（しんはんどうたいせんそう）

2024年３月31日　初版発行
2024年５月５日　　第３刷

著　者　平井　宏治

発行者　鈴木　隆一

発行所　ワック株式会社
東京都千代田区五番町4-5　五番町コスモビル　〒102-0076
電話　03-5226-7622
http://web-wac.co.jp/

印刷製本　大日本印刷株式会社

ISBN978-4-89831-974-1